Hühner halten

AUTOR: MICHAEL VON LÜTTWITZ | FOTOGRAF: OLIVER GIEL

Inhalt

4 Typisch Hühner

5 Hühner kennenlernen
6 Herkunft des Haushuhns
7 Natürliche Lebensweisen
8 Das kleine Rassen-Einmaleins
10 Hühnerrassen im Porträt
16 Hühner als Haustiere
16 Nachbarn und Behörden
17 Welche Hühnerrasse passt zu uns?
18 Hühner auf Ausstellungen
19 Kinder und Hühner
19 Hühner und andere Haustiere
20 **Auf einen Blick:** Anatomie und Sinne des Huhns
22 Augen auf beim Kauf
23 **Experten-Tipp:** Gesundheits-Check beim Kauf

24 Gesund und munter

25 Ein Heim für Hühner
26 Der Hühnerstall
28 Die richtige Einrichtung
30 Der Auslauf und seine Gestaltung
31 Strapazierfähiges Grün
32 Willkommen daheim
34 Gesundes Futter
36 Richtig füttern
38 Das brauchen Küken und Junghühner
39 Gesunder Zeitvertreib
40 Pflege-Basics
41 Regelmäßige Pflege
42 Gesundheitsvorsorge

43 **Tut gut – Besser nicht**
So fühlen sich Ihre Hühner wohl
44 Wenn Hühner krank werden
46 Nachwuchs bei Hühnern
49 **Experten-Tipp:** Künstliche Brut

50 Wunder Hühnerei

51 Gesunde und frische Eier
52 ... jeden Tag ein Ei
52 Eier richtig lagern
54 Wie ein Ei entsteht
56 Wenn Hühner nicht legen
57 **Experten-Tipp:** Legephasen verlängern
58 Gute Eier, schlechte Eier

Extras

60 Register, Service, Impressum
64 GU-Leserservice
Umschlagklappen:
Verhaltensdolmetscher
SOS – was tun?
Die 10 GU-Erfolgstipps

Typisch Hühner

Hühner sind als Haustiere im Kommen. Besonders Familien mit Kindern begeistern sich dafür, denn es macht Spaß, die lebhaften Tiere zu beobachten. Zudem hält sich der Pflegeaufwand in Grenzen: täglich Futter und frisches Wasser sowie einmal in der Woche ausmisten – da können auch Kinder Verantwortung übernehmen.

Hühner kennenlernen

Hühner sind soziale Tiere. In der Herde, die mindestens aus zwei Hennen, am besten aus einem Hahn und vier bis sechs Hennen bestehen sollte, zeigen die Tiere einen vielfältigen Tagesablauf mit Scharren, Fressen, Sandbaden, Dösen. So lernen Sie die »Eierproduzenten« von einer ganz neuen Seite kennen – ein Stück Landleben im eigenen Garten, das Freude macht und nach einem langen Arbeits- oder Schultag entspannt.

Doppelte Freude

Durch die Hühnerhaltung kommt Bewegung ins Leben, denn Hühner vermitteln Gesprächsstoff. Neugierig werden Nachbarn und Kollegen wissen wollen, wie es mit den Hühnern läuft und wie das täglich frische Frühstücksei schmeckt. Und auch die Kinder haben ihren Freunden jede Menge zu berichten und vor allem zu zeigen.

Eier von eigenen Hühnern sind ausgesprochen wertvolle Lebensmittel. Denn eine ausgewogene, natürliche Fütterung und artgerechte Haltung führt zu gesunden und wunderbar aromatischen Eiern, die mit gekauften Eiern aus dem Supermarkt nicht vergleichbar sind. Hühner zu halten hat also einen doppelten Nutzen: Freude am Umgang mit Tieren und zugleich den Genuss, Tag für Tag frische Eier zu essen.

Unvergessliche Erlebnisse

Wenn Sie einen Hahn in der Herde haben und eine Henne Eier ausbrütet, können Sie schon bald beobachten, wie die Glucke mit ihren Kleinen umherstreift. Vor allem Kinder sind begeistert von dem flaumigen Nachwuchs. Küken aufwachsen zu sehen und sie besser kennenzulernen, ist ein unvergessliches Erlebnis.

Herkunft des Haushuhns

Bereits vor 5000 bis 8000 Jahren entwickelte sich in China, Indien und Indonesien aus dem Wildhuhn unser Haushuhn. Als Vorfahr der Haushühner galt lange Zeit allein das wilde Bankivahuhn. Heute wird auch das wilde Sonnerathuhn mit in Betracht gezogen, denn in den sich überlappenden Lebensräumen beider Arten kam und kommt es natürlicherweise zu Kreuzungen. Das Huhn verbreitete sich über die Jahrtausende bis nach Europa. Im 19. Jahrhundert brachten vornehmlich englische Seefahrer Hühner aus Asien nach England. Von dort gelangten die neuen Rassen aufs kontinentale Europa.

Neue Rassen

Die asiatischen Hühner beeinflussten die europäischen Landhühner, die es in rasseloser Form fast überall gab. Schnell entstanden neue Rassen, angepasst an die Verhältnisse der jeweiligen Region. Heute präsentieren sich die Nachkommen des wilden Bankivahuhns in einer enorm großen Haushühner-Rassenpalette. Am auffälligsten sind die Größenunterschiede, sie reichen vom 500 g leichten Zwerghuhn bis zum 5,5 kg schweren Fleischhuhn. Zudem gibt es unterschiedliche Körperformen, Gefiederstrukturen, Farben, Zeichnungen, Kämme, Fußformen und -farben.

Auftakt zum Balzspiel: Haushähne (hier Zwerg-Sachsenhühner) umwerben Hennen genauso wie ihre Ahnen, die Bankivahühner, indem sie ihnen unter Lockrufen tatsächliches oder imaginäres Futter zeigen.

Natürliche Lebensweisen

Wildhühner (Bankivahühner, Sonnerathühner) leben im Dickicht des Waldes. Dort suchen sie im Schutz der Gehölze nach Futter und gehen ihren sonstigen Alltagsbeschäftigungen wie Scharren, Rennen, Picken und Staubbaden nach. Diese Verhaltensmuster haben Haushühner von ihren Ahnen geerbt und möchten sie auch ausleben.

Wenn Sie als Halter die Voraussetzungen dafür schaffen, dass Hühner ihre natürlichen Verhaltensweisen ausleben können, verhelfen Sie ihnen zu einem ausgeglichenen Alltag und ausreichend Beschäftigung.

Sicherheitsbedürfnis Der Auslauf der Hühner sollte wie bei ihren Vorfahren in der Wildnis mit Bäumen und Sträuchern durchsetzt sein. Das vermittelt ihnen Sicherheit und sie können in Ruhe im Laub oder Gras nach Fressbarem scharren.

Scharren Um dieses ausgeprägte Verhaltensmuster ausleben zu können, sollten Hühner im Stall stets Stroh, Laub, Heu, unbehandelte Hobelspäne, Hanfhäcksel und Ähnliches vorfinden. Geben Sie noch eine Handvoll Körner in den lockeren Bodengrund, damit die Hühner Erfolgserlebnisse haben.

Rennen und Fliegen Wildhühner haben beliebig Platz, um ihren Fortbewegungsdrang ausleben zu können. Haushühner sollten zumindest so viel Auslauf haben, dass sie rennen und sich flügelschlagend fortbewegen können. Das trainiert die Muskulatur und ihre sozialen Fähigkeiten.

Sand- oder Staubbad Um sich vor Parasiten zu schützen, baden Wildhühner gerne in trockener Erde. Feinste Staubpartikel verstopfen dabei die Atemöffnungen der Plagegeister und machen ihnen den Garaus. Auch Haushühner sollten stets trockene Erde für ein Staubbad vorfinden. Im Anschluss an das »Bad« bringen die Hühner ihr

Der Bankivahahn hat einen charakteristischen Schwanzaufbau. Daran kann man ihn von ähnlich aussehenden Haushähnen unterscheiden.

Gefieder auf Vordermann – so bleibt ihr Gefieder intakt. Viele Hühner kombinieren das Staubbad mit einem Sonnenbad. Wie bei den Menschen fördert Sonnenlicht auch bei Hühnern die Lebensenergie.

Schutz bei Nacht Wildhühner sind gerade in der Nacht durch Raubtiere gefährdet. Abends suchen sie sich deshalb einen Schlafbaum, wobei sie Plätze weit außen auf den Ästen bevorzugen. Nähert sich ein Feind, z. B. ein Marder, bewegt sich der Ast, die Hühner werden gewarnt und können sich durch Auffliegen retten. Dieses Verhalten zeigen auch die meisten Haushühner. Sie suchen sich bevorzugt erhöhte Schlafgelegenheiten, wo sie beispielsweise vor Füchsen nichts zu befürchten haben. Im Freien schlafen sie auf Bäumen, im Stall auf Sitzstangen – der Imitation eines Schlafastes.

Eiablage Wildhühner bauen Nester versteckt im Dickicht. Auch Haushühner mögen es »heimlich« und bevorzugen halbdunkle Nester (→ Seite 29).

Das kleine Rassen-Einmaleins

Von den domestizierten Hühnern oder Haushühnern gibt es diverse Rassen. Sie unterscheiden sich sowohl äußerlich als auch im Verhalten.

Sicherheit durch Rassenzugehörigkeit

Die Rasse ist ein wichtiges Entscheidungskriterium beim Kauf von Haushühnern. Denn Hühner einer Rasse sehen nicht nur gleich aus, sie haben auch die gleichen Verhaltensmerkmale, zum Beispiel Zutraulichkeit, oder die gleichen Leistungseigenschaften, etwa beim Eierlegen. Schaffen Sie sich Rassehühner an, haben Sie die Garantie, Tiere mit definierten Eigenschaften zu erhalten. Bei rasselosen Hühnern müssen Sie sich überraschen lassen, welche Merkmale vorherrschend sind.

Großrassen und Zwerge In der Welt der Rassehühner unterscheidet man zwei große Gruppen: Hühner und Zwerghühner. Bei den Zwerghühnern gibt es zwei Unterteilungen: Rassen, die es auch bei den Hühnern gibt, und Rassen, die es bei den Hühnern nicht gibt. Erstere nennt man verzwergte Rassen, letztere eigentliche Zwerghühner oder Urzwerge. Bei den Hühnern spricht man auch von Großrassen. Die meisten Rassen gibt es in verschiedenen Farben, sogenannten Farbschlägen.

Klassifikationen Um die Rassen besser voneinander abgrenzen zu können, hat man verschiedene Klassifikationen geschaffen. Sie berücksichtigen Herkunft, Aussehen, Verhalten und Leistung.

› Innerhalb dieser Klassifikation haben die einzelnen Rassegruppen deutliche gruppenübergreifende Merkmale. Die auffälligsten sind sicherlich Hauben und Kammformen, aber auch Fußbefiederungen, Federstrukturen oder Fußfarben. Neben Rassen mit vier Zehen finden sich auch welche mit fünf Zehen. In der Regel haben die Rassen entweder rote Ohrlappen oder weiße Ohrscheiben.

› Viele Rassen unterscheiden sich in ihrem Verhalten und ihrer Leistung. So gibt es Hühner, die mehr zum Fleischtyp gehören, und Hühner, die mehr den Legetyp verkörpern. Natürlich gibt es auch Rassen, die beide Merkmale zeigen; man nennt sie Zwiehühner oder Zweinutzungshühner. Im Zwerghuhnbereich kennt man Rassen, die weder viel Fleisch noch viele Eier produzieren. Sie gelten als Liebhaberrassen. Es existieren Rassen, die so gut wie nicht mehr brüten, und brutfreudige Rassen. Viele Rassen sind von Natur aus zahm, andere sind dagegen recht scheu.

› Sämtliche Rassen unterscheiden sich stark in der Legeleistung und dem Gewicht ihrer Eier. So schwankt etwa die jährliche Legeleistung von 25 Eiern bei Onagadoris bis zu 220 Eier bei Sundheimern. Es gibt kleine Eier von nur 28 g bei Kleinstrassen wie Antwerpener Bartzwerge oder Chabos und bis zu 65 g schwere Eier bei Großrassen wie Marans und Minorkas.

› Auch die Eierfarben variieren je nach Hühnerrasse: Klassischerweise unterscheidet man Weißleger und Braunleger – dazwischen gibt es Rassen mit Eierfarben in allen Abstufungen bis Cremeweiß. Heute kommen durch Araucanas auch Grünleger hinzu und durch Marans eine Rasse mit sehr dunklen schokoladenbraunen Eiern. Werden Araucanas beispielsweise mit Barneveldern (Braunleger) gekreuzt, legt die neue Generation olivgrüne Eier. Diese Farbe entsteht, indem der grünen Schale eine braune Farbschicht aufgelegt wird (→ Seite 55).

ASILS sind eine uralte Kampfhuhnrasse, die früher für Hahnenkämpfe gezüchtet wurde – eine Belustigung, die bei uns schon lange verboten ist. Menschen gegenüber können Kampfhühner sehr zutraulich werden. Im Gegensatz zu Kämpferverwandten legen Kampfhühner meist nicht viele Eier. Kampfhühner und Kämpferverwandte bilden eine große Hühnergruppe. Durch die Einteilung der Rassen in Gruppen sind die Verwandtschaftsverhältnisse leicht nachvollziehbar.

ARAUCANAS Diese aus Südamerika stammende, grüne Eier legende Rasse hat einen auffälligen Federbart sowie Bommeln unterhalb der Gehöröffnung. Araucanas gehören zu den sogenannten Zwischentypen. In dieser Gruppe sind Rassen zusammengefasst, die Merkmale verschiedener Gruppen zeigen und nicht klar in ihrer Verwandtschaft abgegrenzt werden können. Zwischentypen sind naturgegeben sehr variantenreich.

ALTENGLISCHE ZWERG-KÄMPFER sind eine beliebte Zwerghuhnrasse. Zwerghühner unterteilt man in eigentliche Zwerghühner und verzwergte Rassen. Bei letzter Gruppe hat man die gleiche Klassifikation wie bei den Großrassen.

Muskelpaket

Altenglischer Kämpfer

Herkunft England **Haltung** keinerlei Flugambitionen, widerstandsfähig, wetterfest, anspruchslos, scharrfreudig, guter Futterverwerter **Temperament** fast aufdringlich zahm, untereinander ruhig, im Junghühneralter kampflustig **Legeleistung** 120 weiße bis gelblich braune Eier von mind. 50 g **Gewicht** Hahn: 2–3 kg, Henne: 1,75–2,5 kg, Fleischrasse **Brut** gute Bruteigenschaften **Besonderheiten** Der Körper ist ein reines Muskelpaket. Selten mit Schopf, 3 verschiedene Fußfarben. 21 Farben, Zwergform sogar in 25 Farben.

Trippelnder Belgier

Antwerpener Bartzwerg

Herkunft Belgien **Haltung** flug- und scharrfreudig, emsiger Futtersucher, ist mit kleinem Auslauf zufrieden **Temperament** sehr menschenbezogen, temperamentvoll, agil **Legeleistung** 90 weiße bis cremefarbige Eier von mind. 28 g, Liebhaberrasse **Gewicht** Hahn: 0,7 kg, Henne: 0,6 kg **Brut** Glucken kommen immer wieder vor. **Besonderheiten** Sehr beliebte Rasse, von der es keine Großrasse gibt. Voller Bart, hohe Schwanzhaltung, kompakter Körperbau. Sein keckes Wesen und seine trippelnden Schritte machen ihn liebenswert. Über 20 Farben.

Grüner Eierleger

Araucana

Herkunft Chile, Argentinien **Haltung** kaum flugfreudig, entfernt sich bei Freilauf weit vom Stall, sehr wetterfest und winterhart, anspruchslos, scharrfreudig, guter Futterverwerter **Temperament** ruhig, verträglich, zahm **Legeleistung** 180 grüne Eier von mind. 50 g, Zweinutzungsrasse **Gewicht** Hahn: 2–2,5 kg, Henne: 1,6–2 kg **Brut** Glucken kommen immer wieder vor. **Besonderheiten** schwanzlos, Federbüschel (Bommeln) am Kopf und/oder Bart als Wind- und Wetterschutz, weidengrüne Fußfarbe. 13 Farben, Zwergform in 10 Farben.

Fliegendes Leichtgewicht

Bantam

Herkunft Ostasien, in England und Deutschland zur Rasse geformt **Haltung** flugfreudig, entfernt sich weit vom Stall, robust, anspruchslos, emsige Futtersucher **Temperament** distanziert zum Menschen, kann aber zahm werden, zuweilen zänkisch untereinander **Legeleistung** 90 weiße bis cremefarbige Eier von mind. 28 g, Liebhaberrasse **Gewicht** Hahn: 0,6 kg, Henne: 0,5 kg **Brut** Glucken kommen ab und zu vor. **Besonderheiten** Urzwerg. Kompakter Körperbau, große weiße Ohrscheiben, großer Rosenkamm, gut gerundeter Hahnenschwanz. 17 Farben.

Riesenhuhn

Brahma

Herkunft Asien **Haltung** nicht flugfreudig, standorttreu, robust, wenig scharrfreudig **Temperament** sehr ruhig, ausgesprochen zutraulich **Legeleistung** 140 gelblich braune Eier von mind. 53 g, Zweinutzungsrasse **Gewicht** Hahn: 3–3,5 kg, Henne: 3–4,5 kg **Brut** Glucken kommen immer wieder vor. **Besonderheiten** Seit jeher sehr beliebte Riesenhühner. Im 19. Jahrhundert waren sie sehr kostbar, umgerechnet auf heutige Verhältnisse bezahlte man für ein Brahma-Huhn 1000 Euro. Auffällig sind ihre befiederten Füße. 9 Farben, Zwergform vorhanden.

Gnom aus Japan

Chabo

Herkunft Japan **Haltung** keinerlei Flugambitionen, standorttreu, anspruchslos, robust, emsiger Futtersucher **Temperament** ausgesprochen zahm, ruhig, umgänglich **Legeleistung** 80 beige bis cremeweiße Eier von mind. 28 g, Liebhaberrasse **Gewicht** Hahn: 0,6–0,7 kg, Henne: 0,5–0,6 kg **Brut** ausgeprägte Brutlust **Besonderheiten** Urzwerg, von dem keine Großrasse existiert. Glattfiedrige, gelockte oder seidenfiedrige Vertreter bekannt. Steile Schwanzhaltung und großer Kamm beim Hahn. Chabos kommen auch mit schwarzer Haut vor. 23 Farben.

Deutscher Franzose

Deutsches Lachshuhn

Herkunft Frankreich, in Deutschland als eigenständige Rasse. **Haltung** keinerlei Flugambitionen, relativ standorttreu, robust gegenüber Kälte, anspruchslos, wenig scharrfreudig, emsiger Futtersucher, guter Futterverwerter **Temperament** ruhig, umgänglich, ausgesprochen zahm **Legeleistung** 150 hellgelbe bis braune Eier von mind. 55 g, Zweinutzungsrasse **Gewicht** Hahn: 3–4 kg, Henne: 2,5–3,25 kg **Brut** ausgeprägte Brutlust **Besonderheiten** Es stammt vom französischen Faverolles-Huhn ab, das für sein Fleisch geschätzt wird. 5 Zehen. Zwergform vorhanden.

Ein Huhn für Deutschland

Deutsches Reichshuhn

Herkunft Deutschland **Haltung** wenig Flugambitionen, gut geeignet für Freilauf, entfernt sich weit vom Stall, robust gegenüber schlechtem Wetter, scharrfreudig, emsiger Futtersucher **Temperament** zutraulich **Legeleistung** 180 rahmgelbe Eier von mind. 55 g, Zweinutzungsrasse **Gewicht** Hahn: 2,5–3,5 kg, Henne: 2–2,25 kg **Brut** Glucken kommen immer wieder vor. **Besonderheiten** Anfang des 20. Jahrhunderts nach den Farben der damaligen deutschen Fahne (schwarz, weiß und rot) gezüchtet. Winterleger. 9 Farben bei der Groß- als auch Zwergrasse.

Mille-Fleurs-Huhn

Federfüßiges Zwerghuhn

Herkunft Europa **Haltung** guter Flieger, unternehmungslustig, anspruchslos, scharrfreudig, emsiger Futtersucher, guter Futterverwerter **Temperament** ausgesprochen zahm, agil **Legeleistung** 120 weiße bis bräunliche Eier von mind. 30 g, Liebhaberrasse **Gewicht** Hahn: 0,75 kg, Henne: 0,65 kg **Brut** Es kommt immer wieder zu Glucken. **Besonderheiten** Der klassische Farbschlag gold-porzellanfarbig wurde früher als Mille Fleurs (tausend Blüten) bezeichnet. Sie kommen mit und ohne Bart vor. Nur Zwergform, fast 25 Farben, attraktive Zeichnungsmuster.

Vorfahr des Masthuhns

Indischer Kämpfer

Herkunft England **Haltung** kaum Flugambitionen, standorttreu, robust, anspruchslos, wenig scharrfreudig, guter Futterverwerter **Temperament** Im Junghühnerhalter kommt es immer wieder zu Auseinandersetzungen, später ist er ruhig und zutraulich. **Legeleistung** 80 bräunliche Eier von mind. 50 g **Gewicht** Hahn: 3,5–4,5 kg, Henne: 2–3 kg, Fleischrasse **Brut** ausgeprägte Brutlust, nahezu Brutgarantie **Besonderheiten** Ausgangsrasse der Masthühner (sehr breiter Körper mit starkem Fleischansatz). Großrasse mit 5 Farben, Zwergform mit 4 Farben.

Bauernhofhuhn

Italiener

Herkunft Italien **Haltung** flugfreudig, ideal für Freilandhaltung, entfernt sich weit vom Stall, sehr robust, anspruchslos, scharrfreudig, emsiger Futtersucher, guter Futterverwerter **Temperament** Von Natur aus distanziert zum Menschen, kann aber sehr zahm werden, gelegentlich etwas schreckhaft. **Legeleistung** 190 weiße Eier von mind. 55 g, Legerasse **Gewicht** Hahn: 2,25–3 kg, Henne: 1,75–2,5 kg **Brut** wenig brutfreudig **Besonderheiten** typisches Bauernhofhuhn. 20 Farben, Zwergform in 22 Farben.

Made in USA

New Hampshire

Herkunft USA **Haltung** wenig flugfreudig, entfernt sich weit vom Stall, robust, scharrfreudig **Temperament** umgänglich und zutraulich **Legeleistung** 220 braune Eier von mind. 55 g, Zweinutzungsrasse **Gewicht** Hahn: 3–3,5 kg, Henne: 2–2,5 kg **Brut** gute Bruteigenschaften **Besonderheiten** Sehr populäre Rasse. New Hampshires wurden in den USA als Leistungshühner gezüchtet und kamen 1950 nach Deutschland. Es gibt sie in 3 Farben, wobei der goldbraune Farbschlag typisch ist. Zwergform nur in 2 Farben bekannt.

Zwerghuhn mit Schleppe

Ohiki

Herkunft Japan **Haltung** nicht flugfreudig, relativ standorttreu, gepflegter Grasauslauf erforderlich, scharrfreudig **Temperament** ruhig, gut für kleinere Ausläufe geeignet, sehr zahm, untereinander sehr verträglich **Legeleistung** 110 hellbraune Eier von mind. 33 g, Liebhaberrasse **Gewicht** Hahn: 0,9 kg, Henne: 0,75 kg **Brut** Glucken kommen immer wieder vor. **Besonderheiten** Wegen des schleppenden Schwanzgefieders und der langen Sattelfedern des Hahns ist bei dieser alten japanischen Rasse Hygiene wichtig. 2 Farben (gold- und silberhalsig). Nur Zwergrasse.

Huhn mit Fell

Seidenhuhn

Herkunft Ostasien **Haltung** flugunfähig, sehr standorttreu, anspruchslos, robust, wenig scharrfreudig **Temperament** ausgesprochen ruhig, sehr zahm, untereinander sehr umgänglich **Legeleistung** 80 hellbraune Eier von mind. 40 g, Liebhaberrasse **Gewicht** Hahn: 1,4–1,7 kg, Henne: 1,1–1,4 kg **Brut** nahezu Brutgarantie **Besonderheiten** Das Gefieder erinnert mehr an Fell als an Federn. Haut und Fleisch mit schwärzlicher Färbung. Kopf mit Schopf, mit oder ohne Bart, 5 Zehen, befiederte Füße. Ausgeprägte Farbpalette bei Groß- und Zwergform.

Englisches Nobelhuhn

Sussex

Herkunft England **Haltung** keinerlei Flugambitionen, standorttreu, robust, scharrfreudig, guter Futterverwerter **Temperament** behäbig, sehr umgänglich, zutraulich **Legeleistung** 180 hellbraune Eier von mind. 60 g, Zweinutzungsrasse **Gewicht** Hahn: 3–4 kg, Henne: 2,5–3 kg **Brut** gute Bruteigenschaften **Besonderheiten** Es galt und gilt als Delikatessenhuhn wegen seines weißen, feinfaserigen Fleischs. In der Ökohaltung als Zweinutzungshuhn sehr beliebt. 6 Farben bei Groß- und Zwergform.

Für raue Lagen

Thüringer Barthuhn

Herkunft Deutschland **Haltung** wenig Flugambitionen, wetter- und winterfest, anspruchslos, scharrfreudig, emsiger Futtersucher, guter Futterverwerter **Temperament** ruhig und zutraulich **Legeleistung** 160 weiße Eier von mind. 53 g. Zweinutzungsrasse **Gewicht** Henne: 1,4–2 kg **Brut** gute Bruteigenschaften **Besonderheiten** Die Rasse wurde im 19. Jahrhundert auf Wind- und Wetterfestigkeit für raue Mittelgebirgslagen gezüchtet. Volles Bartgefieder als Wind- und Kälteschutz. Großrasse mit 9 Farben, Zwergform mit 10 Farben.

Nomen est Omen

Westfälischer Totleger

Herkunft Deutschland **Haltung** flugfreudig, für Freilandhaltung gut geeignet, entfernt sich weit vom Stall, anspruchslos, scharrfreudig, guter Futterverwerter **Temperament** vorsichtig, kann aber zahm werden **Legeleistung** 180 weiße Eier von mind. 53 g, Legerasse **Gewicht** Hahn: 2–2,5 kg, Henne: 1,5–2 kg **Brut** fast kein Brutinstinkt **Besonderheiten** Alte deutsche Rasse, die ihren Namen wegen ihrer hohen Legeleistung erhielt. Durch intensive Zucht wurden Totleger vor dem Aussterben bewahrt. 2 Farben. Keine Zwergform.

Chinesisches Palasthuhn

Zwerg-Cochin

Herkunft China **Haltung** kaum Flugambitionen, standorttreu, anspruchslos und genügsam **Temperament** äußerst zahm, untereinander sehr umgänglich **Legeleistung** 80 braune Eier von mind. 35 g, Liebhaberrasse **Gewicht** Hahn: 0,85 kg, Henne: 0,75 kg **Brut** Glucken kommen immer wieder vor. **Besonderheiten** Wegen ihrer rundlichen Form werden die einst am chinesischen Kaiserhof gehaltenen Hühner liebevoll als »Federbälle« bezeichnet. Ihr Federkleid ist glattfiedrig oder gelockt. Eigenständige Rasse, keine Verzwergung der großen Cochins. Ca. 25 Farben.

Hühner als Haustiere

Hühner brauchen einen Stall und Auslauf. Wer nur ein kleines Grundstück hat, muss nicht verzagen. Es gibt große und kleine Hühner, und bei den Zwerghühnern besonders kleine, die auch mit weniger Platz zufrieden sind.
Hühner zu halten heißt nicht, dass Sie ständig zu Hause sein müssen. Dank Futterautomaten und großer Wassertränken können Sie unbeschwert übers Wochenende verreisen, ohne dass jemand nach Ihren Hühnern sehen müsste. Lediglich für die Zeit eines längeren Urlaubs ist es notwendig, dass Sie Nachbarn oder Freunde mit der Versorgung beauftragen. Der tägliche Arbeitsaufwand beträgt nicht mehr als 15 Minuten.

Nachbarn und Behörden

Bevor Hahn und Hühner einziehen, sprechen Sie am besten mit Ihren Nachbarn. Eine reine Hennenhaltung kann rechtlich nicht beanstandet werden, das Krähen eines Hahns jedoch schon. Außerdem sollten Sie, bevor Sie in Ihrem Garten einen Stall errichten, bei der Behörde anfragen, ob eine Bau-

Zahme Hühner sind liebenswerte Haustiere. Besonders Kinder freuen sich, wenn die gefiederten Freunde Futter aus der Hand nehmen oder sich streicheln lassen.

genehmigung erforderlich ist. Auch wenn viele Halter darauf verzichten: Eine Registrierung der Hühnerhaltung ist vorgeschrieben, ebenso eine Impfung der Hühner durch den Tierarzt (→ Seite 42).

Welche Hühnerrasse passt zu uns?

Viele künftige Hühnerhalter entscheiden sich einfach für die Rasse, deren Aussehen ihnen am besten gefällt. Doch Sie können Ihre Hühner auch nach anderen Kriterien auswählen, etwa nach bestimmten Wesenszügen, wie zahme Tiere oder leisem Krähruf, und natürlich auch nach Leistungsmerkmalen (z. B. Legetypen oder Brutfreudigkeit). In diesem Buch finden Sie eine Auswahl der bekanntesten Rassen (→ ab Seite 10). Darüber hinaus gibt es Spezialliteratur, in der sämtliche Rassen mit allen Farbschlägen gezeigt und beschrieben werden (→ Seite 62). Am besten sehen Sie sich Ihre künftigen Schützlinge jedoch live auf Ausstellungen an. Im Internet (→ Seite 62) finden Sie die Termine für die in Ihrer Nähe stattfindenden Schauen.

Platzbedarf Das ist oft das erste Entscheidungskriterium für eine bestimmte Rasse. Hühner sollen sich wohlfühlen. Kann man ihnen nur einen kleinen Auslauf bieten, kommen bevorzugt Zwerghühner in Frage. Mit einem Ministall in der Größe eines Kaninchenstalls und kleinem umzäuntem Auslauf sind leichtere Zwergrassen wie Chabos, Antwerpener Bartzwerge oder Ko Shamos bereits zufrieden, sofern sie (unter Aufsicht) einen täglichen Freigang haben. Schwere Hühner brauchen ebenfalls wenig Platz, da sie immer in Stallnähe bleiben.

Wer seinen Hühnern ein größeres Freigelände zur Verfügung stellen kann, entscheidet sich für Rassen wie Bergische Kräher, Lakenfelder, Vorwerkhühner, Westfälische Totleger, Altsteirer, Sulmtaler, Appenzeller Spitzhauben oder Appenzeller Barthühner. Sie streifen im Gelände umher und suchen sich einen Großteil ihres Futters selbst.

Zahme Hühner Nicht nur Kinder freuen sich, wenn Hühner Futter aus der Hand nehmen, sich streicheln lassen und vielleicht sogar auf Zuruf kommen. Greifen Sie dafür am besten auf schwere Rassen zurück: Cochins, Orpingtons, Sussex oder auch Mechelner. Aber auch bei mittelschweren und leichten Rassen finden sich von Natur aus zahme Vertreter, wie Barnevelder, Wyandotten, Marans, Welsumer, Seidenhühner oder Araucanas. Unter den Zwerghühnern sind Zwerg-Cochins, Chabos, Ko Shamos und Moderne Englische Zwerg-Kämpfer am zutraulichsten; doch auch Federfüßige Zwerghühner oder Antwerpener Bartzwerge können zahm werden. Die imposanten Kampfhühner haben vor Menschen ebenfalls keine Scheu. Bei Zuwendung werden sie regelrecht anhänglich.

Eierversorgung Sie möchten immer ausreichend mit frischen Eiern versorgt sein? Das garantieren die sogenannten Legetypen wie Leghorns und Italiener sowie alle Zweinutzungsrassen wie New Hampshires, Deutsche Reichshühner, Australorps, Rhodeländer und Deutsche Lachshühner.

Krähruf e Schon so manche gute Nachbarschaft ist am morgendlichen Weckruf zu Bruch gegangen. Totenkos krähen besonders leise, sodass man sie kaum hört. Etwas lauter, aber immer noch leiser als die restlichen Rassen sind Denizli-Kräher, Tomarus und Bergische Kräher. Sie haben einen außergewöhnlich lang gezogenen Krähruf. Zwerghühner krähen grundsätzlich lauter als Großrassen.

Hühner auf Ausstellungen

Auch wenn es zahlreiche Bücher gibt, in denen sämtliche Hühnerrassen in Wort und Bild festgehalten sind: Aus der Nähe betrachtet sind Hühner noch faszinierender. Wer sich verschiedene Rassen anschauen möchte, geht am besten auf eine der Rassegeflügelausstellungen, die von Mitte Oktober bis Anfang Januar stattfinden. Dort kann man die Tiere nicht nur live erleben, sondern auch mit den Züchtern sprechen. Die Termine der großen Geflügelausstellungen veröffentlicht der Bund Deutscher Rassegeflügelzüchter im Internet (→ Seite 62).

Auf dem Messegelände Hannover findet jedes Jahr eine große Junggeflügelschau mit bis zu 15 000 Tieren statt. Wer hochwertige Tiere zu günstigen Preisen erwerben möchte, wird hier garantiert fündig. Auch auf dem Leipziger Messegelände gibt es jedes Jahr eine Großschau mit über 10 000 Tieren.

Sonder- und Geflügelzuchtvereine

› Interessieren Sie sich für eine ganz bestimmte Rasse? Dann sind die Sonderschauen spezieller Rassevereine, sogenannter Sondervereine, genau das Richtige für Sie. Dort können Sie Ihre Wunschrasse ansehen und vor dem Kauf zum Züchter Kontakt aufnehmen. Sondervereinsschauen können Sie beim VHGW, dem Verband der Hühner-, Groß- und Wassergeflügelzüchtervereine, und beim VZV, dem Verband der Zwerghuhnzüchter-Vereine, erfragen (→ Seite 62).

› In den einzelnen Landkreisen Deutschlands gibt es eine Vielzahl kleiner Ausstellungen, die die örtlichen Geflügelzuchtvereine organisieren. Der eine oder andere Verein hält auch einen Kleintiermarkt ab. Zahlreiche Züchter sind dort anwesend und verkaufen ihre überzähligen Tiere. Wer nicht unbedingt viel Wert auf hohe Rassigkeit, also sehr deutlich ausgeprägte Rassemerkmale legt, bekommt dort für wenig Geld seine ersten Rasse- oder Kreuzungshühner. Die Termine dieser Märkte erfahren Sie aus der Tageszeitung.

› Bisweilen haben Geflügelzuchtvereine auch eigene Zuchtanlagen. Dort halten verschiedene Züchter unterschiedliche Rassen. Ganzjährig kann man dort Hühner anschauen und überzählige Tiere kaufen.

Kinder bauen zu zahmen Hühnern ein inniges Verhältnis auf und übernehmen gerne Verantwortung.

Kinder und Hühner

Kinder haben großen Spaß an Hühnern, denn in einer Hühnerherde ist immer was los – Scharren, Picken, Staubbaden, flügelschlagendes Rennen, kleine Rangeleien und vielleicht sogar brütende Hennen und daran anschließend das ganz große Erlebnis frisch geschlüpfter Küken.

Aufgaben übernehmen Die Kleinen sind meist gerne bereit, sich mit den Hühnern zu beschäftigen und können mit festgelegten Aufgaben spielerisch lernen, Verantwortung zu übernehmen. Füttern, Wasser geben und den Stall verschließen verlangt zwar Disziplin, überstrapaziert Kinder ab etwa sechs Jahren aber nicht, denn Hühner sind anspruchslose Pfleglinge. Doch selbst wenn Sie die täglichen Versorgungsaufgaben unter mehreren Kindern aufgeteilt haben, liegt die Hauptverantwortung trotzdem bei Ihnen. Als Eltern müssen Sie die sorgfältige Erfüllung der täglichen Pflichten stets im Hintergrund überwachen.

Sehr viel Freude haben Kinder übrigens daran, Hühner beim Freilauf zu beaufsichtigen und sie anschließend wieder behutsam in den Auslauf oder Stall zurückzutreiben. Voraussetzung dafür ist natürlich, dass Ihr Gelände dies ermöglicht.

Brut und Küken Ein ganz besonderes Erlebnis ist für Kinder eine brütende Henne. Bereits nach 21 Tagen schlüpfen die Küken. Wenn Sie zahme Hühner haben, können die Kinder die Küken anfassen. Es ist ein beeindruckendes Gefühl, so ein zartes, flaumiges Wesen in der Hand zu halten. Die Entwicklung vom Küken bis zum erwachsenen Huhn dauert nur vier bis fünf Monate. Von Woche zu Woche sieht man – fast wie im Zeitraffer – einen großen Entwicklungsschub. Auch für Kinder ist das ein ganz besonderes Erlebnis, sie gewinnen Achtung vor dem Leben und der Natur.

Auf Großschauen mit 10 000 Tieren und mehr, wie etwa in Leipzig, kann man die Rassenvielfalt live erleben und auch Tiere kaufen.

Hühner und andere **Haustiere**

Mit diesen Tieren vertragen sich Hühner, oder nicht:

+ Kaninchen und Meerschweinchen leben friedlich mit Hühnern zusammen.
+ Gut funktioniert die Haltung von Kleinvögeln und Hühnern in einer Voliere. Allerdings müssen die Hühner stets in der Voliere bleiben, sonst sind die Vögel bald ausgeflogen.

– Enten und Gänse sollte man getrennt von Hühnern halten, da erstere durch ihre Wasservorliebe das Gehege schnell verschlammen.
– Viele Katzen akzeptieren zwar Hühner, doch von Küken wird ihr Jagdinstinkt geweckt.
– Hunde werden von jedem Huhn zur Jagd animiert. Ein Zusammenleben ist nur mit einem Zaun zwischen Hund und Hühnern möglich.

Anatomie und Sinne des Huhns

Sehen

Hühner haben einen ausgezeichneten Rundumblick. Sie nehmen bedeutend mehr Bilder pro Sekunde wahr als Menschen. Deshalb empfinden sie Leuchtstoffröhrenlicht auch als stressiges Flackerlicht. Darüber hinaus können Hühner ultraviolettes Licht sehen.

Hören

Hühner hören gut, wenngleich schlechter als Menschen, vor allem im Bereich der hohen Töne. Auf Warnlaute reagieren sie sofort. Die Funktion der roten Ohrlappen bzw. der weißen Ohrscheiben unterhalb ihrer Gehöröffnung ist unklar.

Picken

Hühner wählen Futter zunächst optisch aus: Am liebsten mögen sie kleine Partikel in Weizenkorngröße. Im Schnabel stellen sie dann die Struktur (Blattdicke, Zartheit, Derbheit, Zähigkeit) fest und entscheiden, ob ihnen das Futter schmeckt. Was den Anforderungen der Hühner nicht genügt, wird beiseitegeschleudert.

Kamm

Der Kamm der Hähne und der Hennen dient dem gegenseitigen Erkennen, wodurch die Rangordnung in der Gruppe aufrechterhalten wird. Ein intensiv gefärbter und straffer Kamm signalisiert sexuelle Aktivität.

Füße

In den Füßen der Hühner befinden sich Sinnesorgane, mit denen sie Vibrationen wahrnehmen und anschleichende Beutegreifer »spüren« können. Das ist vor allem in der Nacht von Vorteil. Mit den Krallen der Füße legen Hühner die Nahrung im Erdreich frei. Die Krallen werden zudem bei der Körperpflege zum Kratzen eingesetzt. Hähne haben an der Laufaußenseite einen Sporn, der von Jahr zu Jahr größer wird. Er ist ein Zeichen der Fruchtbarkeit und wird bei Auseinandersetzungen eingesetzt.

Gefieder

Das Gefieder isoliert und schützt den Körper. Seine Farbe vermittelt den Hühnern das Zugehörigkeitsgefühl zur Gruppe. Pigmente geben den Federn Farbe und schützen sie gleichzeitig vor Zersetzung durch Bakterien und Pilze. Je nach Ausrichtung der Pigmente entsteht ein Glanzeffekt.

Augen auf beim Kauf

Auf der Suche nach guten Hühnern ist man auf Ausstellungen (→ Seite 18) genau richtig. Doch vielleicht hat man gerade keine Zeit, auf Ausstellungen zu fahren, oder man möchte Hühner kaufen, wenn gerade keine Schauen stattfinden. Dann hilft ein Blick in den Anzeigenteil einschlägiger Fachzeitschriften (→ Seite 62). Dort bieten in der Regel seriöse Züchter gute Tiere an. Natürlich findet man auch auf den Internetseiten der Fachzeitschriften sowie in sonstigen Internetportalen Verkaufsangebote. Letztere sind allerdings mit gewisser Vorsicht zu genießen, da dort viele Laien Tiere mangels Fachkenntnis unter falschem Namen oder Tiere von niedriger Rassigkeit verkaufen.

Vitale Hühner sind lebhaft, haben ein straffes Gefieder und ein kräftig rotes Gesicht.

Kauf beim Züchter

Ziehen Sie den Kauf beim Züchter stets einem anonymen Kauf über eine Anzeige vor. Das setzt in der Regel voraus, dass man sich für eine Rasse entschieden hat. Die meisten Züchter haben sich auf eine Rasse oder Rassengruppe spezialisiert. Über die Internetseiten der Geflügelzüchtervereine (→ Seite 62) erhält man die Adressen von Sondervereinen, die jeweils eine bestimmte Rasse betreuen. Sie vermitteln gerne Züchter in Ihrem Umkreis. Bei Spezialzüchtern haben Sie grundsätzlich die Gewähr, dass die Tiere gesund und geimpft sind und einen hohen Rassewert aufweisen. Zugleich kann man dort viele Anregungen und Informationen erhalten, um die Rasse optimal zu pflegen und versorgen.

Kauf auf Kleintiermärkten

Wenn Sie auf Kleintiermärkten (→ Seite 18) Tiere erwerben möchten und auf Rassigkeit Wert legen, sollten Sie einen erfahrenen Züchter mitnehmen, der Sie berät. Falls das nicht möglich ist, besuchen Sie lieber eine Geflügelausstellung. Dort kann jeder auf den Bewertungskarten das Urteil des Preisrichters lesen und hat so zuverlässige Informationen.

Wie alt sollen die Hühner sein?

Am besten kaufen Sie ältere Jungtiere ab zwei Monaten oder ausgewachsene Tiere im Alter ab fünf Monaten. Ausgewachsene Tiere sind das ganze Jahr über erhältlich, ältere Jungtiere in der Jahresmitte. Bei Tieren über zwei Jahren lässt die Legeleistung bereits nach.

Wie viele Hühner?

Die Größe der Herde hängt in erster Linie vom Platz ab, den Sie für die Tiere zur Verfügung stellen können, und natürlich auch von Ihrem Budget. Grundsätzlich können Sie die Hühnerhaltung mit einem Hahn und drei bis sechs Hennen starten. Sie können aber auch auf einen Hahn verzichten – wenn Sie etwa Beschwerden wegen des Hahnenschreis befürchten – und nur mit zwei Hennen beginnen. Die Legeleistung wird durch die Anwesenheit eines Hahns nicht beeinflusst. Lediglich wenn Sie die Herde durch Brut nach und nach vergrößern möchten, brauchen Sie natürlich einen Hahn.

Die Preise

Je nach Züchter und Qualität der Tiere liegen die Preise zwischen 5 und 150 Euro pro Huhn. Grundsätzlich gilt: Jungtiere sind am billigsten; hohe Preise zahlt man auf Großschauen; niedrige auf Kleintiermärkten und zuweilen direkt beim Züchter ab Hof. Der direkte Kontakt und ein Gespräch mit dem Züchter können den Preis stark beeinflussen. Züchter, die in Sondervereinen organisiert sind (→ Seite 22), geben oftmals einen hochwertigen Zuchtstamm (ein Hahn, drei bis sechs Hennen) zu sehr günstigem Preis ab. Der künftige Halter muss im Gegenzug in den Verein eintreten und sich verpflichten, die Rasse zu erhalten helfen. Der Jahresbeitrag der Vereine liegt in der Regel zwischen 12 und 20 Euro.

Gesundheits-Check beim Kauf

TIPPS VOM HÜHNER-EXPERTEN
Michael von Lüttwitz

KÖRPER Gesunde Hühner haben einen gut ausgebildeten, festen Rumpf. Schmale, knochige Ausprägungen sind ein schlechtes Zeichen.
GEFIEDER Das Federkleid sollte fest sein, glatt und nicht verschmutzt. Es glänzt und macht einen frischen Eindruck.
KAMM Ein stabiler, gut ausgeprägter Kamm von intensiv roter Farbe ist bei Hahn und Henne ein Vitalitätszeichen. Bei Junghühnern sowie bei Hennen, die schon viele Eier gelegt haben, sind Kamm und Gesicht noch nicht oder nicht mehr kräftig rot. Die Tiere sind trotzdem gesund.
AUGEN Glänzende Augen sind immer ein gutes Zeichen. Sind die Augen trüb oder ist die Pupille nicht kreisrund, ist das ein Hinweise auf mangelnde Vitalität. Vorsicht: Junghühner können anhand der Augen noch nicht beurteilt werden, sie müssen dafür nahezu ausgewachsen sein.
KOT Haben die Tiere Durchfall oder kein festes Kothäufchen mit weißer Harnkappe (kristalliner Überzug), sollte man auf einen Kauf verzichten.
VERHALTEN Ein gesundes Huhn scharrt und putzt sich. Zutraulichkeit oder Scheu sagen dagegen nichts über seine Gesundheit aus.

Gesund und munter

Hühner haben in der Natur ein großes Revier, in dem sie zwischen Büschen umherstreifen und sich nachts unter das schützende Blätterdach eines Baums zurückziehen können. Ein Stall mit Sitzstangen sowie ein angemessener Auslauf im Freien sind deshalb Voraussetzungen für die artgerechte Haltung von Haushühnern.

Ein Heim für Hühner

Damit sich Hühner wohlfühlen, brauchen sie Platz. Wie viel das ist, hängt von der Größe der Tiere ab. Pauschal kann man sagen: Große Hühner brauchen mehr Platz, Zwerghühner weniger. Bezogen auf ein Huhn von knapp zwei Kilogramm schreibt die ökologische Wirtschaftshaltung (Bio-Haltung) vor: pro m^2 Stallfläche maximal sechs Tiere, im Auslauf pro Tier mindestens 4 m^2.

So viel Platz wie möglich

Doch Sie möchten Ihre Hühner sicherlich nicht ausschließlich als Eierproduzenten halten, sondern sich auch an ihren vielfältigen Verhaltensweisen erfreuen. Deshalb sollten Sie ihnen grundsätzlich so viel Platz zugestehen wie möglich. Halten Sie lieber weniger Tiere, wenn der Platz beschränkt ist. So wissen Sie, dass sich Ihre Hühner wohlfühlen. Ein guter Indikator dafür ist die Wiese im Auslauf. Geht sie zugrunde – wächst also nur noch wenig bzw. überhaupt kein Gras mehr –, hat man zu viele Hühner. Im Stall halten sich Hühner meist nur über Nacht auf, tagsüber gehen sie nur kurz zum Fressen hinein. Nichtsdestotrotz ist ein großer Stall vorteilhaft. Bei schlechtem Wetter finden die Hühner dort Schutz und können sich beschäftigen, indem sie ausgiebig in der Einstreu scharren.

Vor Regen geschützt

Bevorzugt halten sich Hühner in dem direkt an den Stall grenzenden Auslauf auf. Schützt ein Vordach diesen Bereich, können sie auch bei Regen im Freien bleiben. Wer es besonders gut mit seinen Hühnern meint, baut einen »Wintergarten« zwischen Stall und Auslauf. Das ist ein weiteres Stallabteil mit Gittern statt festen Wänden. Dort ist es stets trocken und die Hühner haben frische Luft.

Der Hühnerstall

Es gibt zahlreiche Möglichkeiten für einen Hühnerstall: ein umgebautes Gartenhäuschen aus Holz, ein Massivbau aus Stein oder ein mobiler Stall mit integriertem Auslauf. Treffen Sie Ihre Wahl abhängig von der Anzahl der Hühner, die Sie halten möchten, und den Möglichkeiten Ihres Grundstücks.

Die Planung

Lage Grundsätzlich gilt für jeden Hühnerstall: Errichten Sie ihn an einer Stelle mit trockenem Boden. Planen Sie ihn idealerweise so, dass mindestens zwei Auslaufabteile angeschlossen werden können. So kann sich ein Auslauf immer wieder regenerieren, während der andere genutzt wird.
Größe In der Hobbyhaltung rechnet man etwa drei Hühner (à 2 kg Gewicht) pro m² Stallfläche.
Licht Hühner brauchen viel Licht, deshalb sollte der Stall ausreichend Fenster haben. Dies ist besonders für die dunkle Jahreszeit wichtig, wenn die Tiere sich viel im Stall aufhalten. Planen Sie Fenster auf der Ost-, Südost- oder Südseite ein, sodass es auch im Winter ausreichend hell ist.
Wände Ein Stall soll vor Wind und Wetter schützen. Isolierende Wände sind nicht zwingend nötig; Hühner kommen mit trockener Kälte bestens zurecht. Die Innenwände sollten weiß sein. Das macht den Stall hell und Ungeziefer ist sofort zu sehen.

Transportable Hühnerställe, ob klassisch aus Holz (oben) oder modern aus Kunststoff (unten), sind für Kleinhühner ideal. Da die Auslaufabteile klein sind, brauchen die Hühner immer wieder mal Freilauf auf dem Grundstück.

Für den Anstrich ist Kalkfarbe empfehlenswert, Sie können aber auch Dispersionsfarbe nehmen.

Belüftung Für gute Luft im Stall sorgen kippbare Fenster, Lüftungsschlitze oder -klappen. Die Öffnungen müssen mit Draht gesichert werden, damit keine Feinde, etwa Marder, eindringen können.

Schlupfloch Natürlich braucht jeder Hühnerstall ein Schlupfloch. Es sollte breiter und höher als Ihre Hühner sein und nicht auf der Wetterseite liegen. Durch einen Schieber lässt sich das Schlupfloch nachts verschließen. Im Fachhandel gibt es automatische Schlupflochschließer, die das Schlupfloch zu festen Zeiten öffnen und schließen. Sehr bewährt hat sich ein Vorhang aus Bändern vor dem Schlupfloch. Die Hühner gehen trotzdem durch, Sperlinge jedoch, die sich gerne am Hühnerfutter bedienen und es mit Kot verunreinigen, mögen so eine Barriere nicht und bleiben deshalb draußen.

Das Schlupfloch ist die Eingangstür zum Stall. Idealerweise hat es einen verschließbaren Schieber, damit die Hühner nachts geschützt werden können.

Hühnerstall selber bauen

Bei einem selbst geplanten und gebauten Stall können Sie alle Ihre Vorstellungen verwirklichen. Es gibt Fachliteratur, die sich ausschließlich mit dem Bau von Hühnerställen beschäftigt (→ Seite 62). Bevor Sie zur Tat schreiten, sollten Sie unbedingt mit der zuständigen Baubehörde über eine eventuelle Genehmigung sprechen. Dort erfahren Sie auch andere wichtige Details, etwa welchen Abstand Sie zum Nachbarn einhalten müssen.

Umbau eines Gartenhäuschens

Kostengünstiger als ein Massivbau aus Stein ist ein Gartenhäuschen aus Holz, das Sie selbst umbauen. Achten Sie beim Kauf jedoch darauf, dass es eine große Fensterfläche hat. Die einzige größere Umbaumaßnahme am Gartenhaus ist das Einfügen eines Schlupflochs.

Transportable Ställe

Viele Halter brauchen keinen großen Stall, weil sie nur vier oder fünf Hühner halten. Dafür reichen kleine transportable Ställe aus. Diese haben in der Zwerghuhnzucht in England bereits eine längere Tradition und sind oft sogar mit einem Auslaufabteil kombiniert. Auch bei uns sind diese Hühnerhotels im Kommen (→ Seite 62). Mittels Rädern oder Haltegriffen kann man die handlichen Häuschen sogar auf der Wiese verschieben oder versetzen. So wird die Grasnarbe geschont und der Hygienestatus auf einem hohen Niveau gehalten. Doch selbst wenn Ihr mobiler Hühnerstall ein integriertes Auslaufabteil hat, sollten Sie Ihre Hühner gelegentlich, etwa am Wochenende, aufs Grundstück lassen, wo sie nach Herzenslust scharren und picken können. Nach einiger Zeit gehen sie von ganz alleine ins Auslaufabteil zurück.

Die richtige Einrichtung

Wer Hühner hält, will, dass sie glücklich sind. Dazu trägt auch eine artgerechte Einrichtung des Stalls bei, die leicht sauber zu halten ist.

Der Boden

Hühner scharren für ihr Leben gern. Deshalb legt man den Boden des Stalls etwa 1 bis 5 cm hoch mit Einstreu aus. Stroh, kurzfaseriges Heu, unbehandelte Hobelspäne (kein Sägemehl!) oder Laub eignen sich dafür. Geben Sie in die Einstreu die abendliche Körnerration, so können die Hühner ausgiebig scharren und picken.

Zur Nachtruhe suchen die Hühner im Stall die Sitzstangen auf. Keine andere Sitzgelegenheit sollte höher als die Sitzstangen sein.

Sitzstange und Kotbrett

Hühner ziehen sich nachts auf den höchsten Einrichtungsgegenstand zurück. Deshalb sollten Sie die Sitzstange so anbringen, dass sie höher ist als alle anderen Elemente im Stall. Ideal ist eine Höhe von etwa 1 Meter. Als Sitzstange eignet sich ein Vierkantholz mit abgerundeten Kanten.
Damit die Hühner nachts die Einstreu nicht durch Kot verunreinigen, bringt man etwa 20 cm unter der Sitzstange ein Brett an, das den Kot auffängt. Dieses Kotbrett sollte so hoch liegen, dass die Hühner darunter gut durchlaufen können.

Sonderfall Nichtflieger Hühner, die nicht fliegen, wie Seidenhühner, Zwerg-Seidenhühner oder Orpingtons, übernachten auf dem Boden. Bei ihnen erübrigen sich Sitzstange und Kotbrett, dafür müssen Sie natürlich die Einstreu häufiger austauschen. Wer das nicht möchte, kann seinen Nichtfliegern eine Stiege zum Kotbrett bauen. Von dort aus gelangen sie problemlos auf die Sitzstange.

Hygiene Hühner sollten möglichst wenig Kontakt mit ihrem Kot haben, denn durch Kot werden viele Krankheiten übertragen. Wenn Sie also das Kotbrett nicht täglich reinigen wollen, können Sie einen 10 bis 15 cm hohen Kasten, dessen obere offene Seite mit einem Drahtgitter bespannt ist, auf das Kotbrett stellen. Durch den Draht fällt der Kot aufs Brett und ist für die Hühner unerreichbar. Eine wöchentliche Reinigung ist dann ausreichend.

1 FUTTERTROG Er garantiert eine ziemlich verlustfreie und hygienische Futteraufnahme. Im Freien erhalten die Hühner nur Grünfutter. Alles andere Futter stellen Sie im Stall bereit – so hat der Stall eine zentrale Funktion im Leben der Hühner.

2 SCHUMMERIG Beim Legen mögen's die Hühner halbdunkel. Dadurch fühlen sie sich sicher. Legenester haben deshalb eine Klappe oder stehen im dunkelsten Bereich des Stalls.

Legenester

Am liebsten legen Hühner ihre Eier geschützt an halbdunklen Orten ab. Deshalb stellt man ihnen im Stall Legenester auf, die mit Einstreu versehen sind. Legenester gibt es fertig zu kaufen. Haben Sie einen größeren Stall oder sind Ihre Hühner Nichtflieger, stellen Sie die Nester einfach auf den Boden. In einem kleineren Stall befestigen Sie sie an einer Wand unterhalb der Sitzstangenhöhe. Besonders platzsparend im kleinen Stall: Legenester unter dem Kotbrett. Achten Sie jedoch darauf, dass die Hühner unter den Nestern durchgehen können. Falls nötig, versetzen Sie das Kotbrett nach oben.

Futtergefäße

Hühner bekommen ihr Futter mit Ausnahme des Grünfutters nur im Stall. Die Futtergefäße sind aus Holz, Kunststoff, Blech oder Keramik. Sie stehen in der Stallmitte, damit die Tiere von allen Seiten guten Zugang zum Futter haben. Zudem sollte die Länge bzw. der Durchmesser des Gefäßes so groß sein, dass alle Tiere gleichzeitig fressen können. Achten Sie darauf, dass die Oberkante des Futtergefäßes sich etwa auf Schulterhöhe der Hühner befindet. Unterbauen Sie die Gefäße dafür eventuell mit einem Holzklotz oder mit Ziegelsteinen. Damit die Hühner mit dem Schnabel kein Futter in die Einstreu schleudern können, sollte der Gefäßrand leicht nach innen gebogen sein. In einem separaten Futtergefäß steht immer Muschelkalk (Muschelschrot), zerbröselter Taubengritstein oder eine Mineralfuttermischung zur Verfügung.

Tränken

Frisches Wasser ist wichtig. Deshalb steht ein Wassergefäß im Stall und eines im Schattenbereich des Auslaufs. Offene Gefäße sind für Trinkwasser nicht geeignet, sie verschmutzen schnell und kippen außerdem leicht um. Am besten eignen sich geschlossene Tränken aus dem Fachhandel, sogenannte Stülptränken, mit umlaufender Trinkrinne. Sie sind aus Kunststoff und leicht zu reinigen. Das Wassergefäß sollte so hoch stehen, dass sich die Trinkrinne auf Schulterhöhe der Hühner befindet. Im Winter können Sie das Einfrieren des Trinkwassers mit einem elektrischen Tränkenwärmer verhindern.

Der Auslauf und seine Gestaltung

Hühner brauchen zwar einen Stall, aber am liebsten halten sie sich unter freiem Himmel auf. Ein echter Freilauf ist nur selten zu verwirklichen, weshalb man seinen Schützlingen einen eingezäunten Aufenthalt, den Auslauf, zur Verfügung stellt.

Sichtschutz erwünscht

Hühner mögen es, wenn sie ihre Mitbewohner nicht ständig im Blick haben, bzw. wenn sie sich deren Blicken bisweilen entziehen können. Das mindert den sozialen Stress in der Hühnergruppe. Deshalb sollte der Auslauf nicht einfach nur eine freie Wiese sein, sondern mit Sträuchern und vielleicht sogar mit Bäumen bepflanzt sein. Zusätzlichen Sichtschutz bzw. Strukturierung des Geländes können Sie mit Palisaden aus dem Baumarkt erzielen. Einen ähnlichen Effekt hat eine in etwa 1 Meter Höhe angebrachte Sitzstange mit darunter hängendem Jutesack. Strukturierte Ausläufe sind nicht nur abwechslungsreicher als nichtstrukturierte, sie erscheinen auch größer. Zudem bietet die Bepflanzung Schutz vor Greifvögeln.

Eine artgerechte Hühnerhaltung funktioniert nur mit Stall und Auslauf. Wer wenig Platz hat, entscheidet sich für Zwerghühner und Kleinställe mit Miniauslauf.

Gelegenheit zum Scharren und Baden

› Der Auslauf sollte idealerweise aus Wiese bestehen, aber auch einen kleinen Teil offene Erde haben, in den Sie Getreide und andere Samen säen. Darin scharren Hühner gerne und finden bald auch wertvolle Keimlinge.

› Abgefallenes Laub von Büschen und Bäumen lassen Sie einfach liegen. Es ist eine willkommene Beschäftigung für die Hühner, da sie darin scharren können. Meist finden sie dort auch Insekten und anderes Kleingetier.

› An eine trockene Stelle, z. B. unter einem Vordach oder in einen überdachten Holzkasten, geben Sie Sand. Darin können die Hühner ihr Staubbad nehmen. Unter den Sand können Sie zudem ein für Hühner verträgliches Insektenpulver mischen. Damit werden Außenparasiten in Schach gehalten.

Schutz und Pflege

› Am meisten halten sich die Hühner vor dem Schlupfloch auf. Deshalb wächst hier in der Regel auch kein Gras mehr. Am besten decken Sie diesen Bereich mit Steinplatten ab. Sie lassen sich leicht reinigen, was der Hygiene dient, und zudem nutzen die Hühner beim Scharren auf dem harten Untergrund ihre Krallen ab. Bei der Gelegenheit können Sie gleich ein Gitter, z. B. ein Estrichgitter aus dem Baustoffhandel, vor dem Schlupfloch platzieren. Fuchs und Marder meiden derart wackelige Untergründe und werden damit abgehalten.

› Im Sommer muss der Auslauf mit Wasser besprengt werden, damit das Gras nicht verdorrt. Falls die Hühner das Gras nicht kurz halten, sollten Sie es ab und zu mähen. Lassen Sie dabei Unkrautinseln, wie Brennnesseln, stehen, sie bringen Struktur und Abwechslung in den Auslauf.

› Um die Wiese zu schonen, können Sie einen Teil abtrennen und erst wieder freigeben, wenn sie sich regeneriert hat. Dieses System nennt man Wechselauslauf. Mit einem 1 Meter hohen Kunststoffhühnerzaun aus dem Fachhandel können Sie für nicht flugfreudige Rassen den Auslauf im Nu unterteilen.

Der Zaun

Der Auslauf ist von einem Maschendrahtzaun umgeben. Bei flugunfähigen und -trägen Rassen genügt es, wenn er etwa 1 Meter hoch ist. Flugfreudige Rassen sollten eine mindestens 1,80 Meter hohe Umzäunung haben. Bei ihnen empfiehlt es sich zudem, den Auslauf mit einem Kunststoffnetz abzudecken, damit sie nicht herausfliegen können. In manchen Regionen ist dies auch ratsam als Schutz vor Greifvögeln. Große Vorsicht ist bei Küken geboten. Lassen Sie die Glucke mit ihren Kleinen nur in einem Auslauf mit Netzabdeckung laufen, denn Krähen und Elstern holen sich gerne kleine Küken.

Strapazierfähiges **Grün**

GRASMISCHUNGEN FÜR HÜHNERAUSLÄUFE werden im Fachhandel angeboten. Sie können sich die Mischung aus folgenden Samen auch selbst zusammenstellen (für leichte/schwere Böden; Mengen in g pro m^2): Rotschwingel 0,8/1,4; Gemeines Rispengras –/0,25; Deutsches Weidelgras 2,4/0,8; Weißklee 0,6/0,25; Welsches Weidelgras 0,4/–; Wiesenrispengras 1,2/0,6; Wiesenschwingel 0,8/–.

Willkommen daheim

Sie haben sich bei einem Züchter oder auf einer Ausstellung Ihre Hühner ausgesucht. Jetzt stehen der Transport und die Eingewöhnung zu Hause an.

Der Transport

Für den Transport der Hühner in ihr neues Zuhause bietet der Fachhandel spezielle Hühnertransportkisten an. Alternativ können Sie einen stabilen Pappkarton verwenden, in den Sie auf einer Seite Luftlöcher schneiden (kleiner als ein Hühnerkopf). An sehr heißen Tagen dürfen Sie die Tiere nicht im Kofferraum transportieren, denn Temperaturen über 25 °C sind in geschlossenen Behältnissen kritisch. Stellen Sie die Box dann lieber auf den Rücksitz.

Für den Transport von Hühnern gibt es spezielle Transportkisten. Pappkartons erfüllen diese Funktion ebenfalls.

Die ersten Tage im Stall

Zu Hause kommen die Hühner gleich in ihren Stall, wo sie Futter und Wasser vorfinden. Die Gabe von Vitaminen übers Futter oder Trinkwasser hilft, den Transportstress gut zu verkraften. Damit die Tiere sich eingewöhnen können, bleiben sie für ein paar Tage eingesperrt. Vorteilhaft ist es, wenn sie durch das Schlupfloch, das übergangsweise mit Draht versperrt ist, in den Auslauf blicken können. Der Stall ist der Schutzraum der Hühner, in den sie sich nachts und bei Gefahr zurückziehen. Da die Hühner nur im Stall Körner- und Schrotfutter bekommen, gewöhnen sie sich schnell ein.

Kennenlernen

In den ersten Tagen sollte man die Hühner nicht zu sehr mit seiner Anwesenheit konfrontieren. Leckereien, z. B. getrocknete Garnelen, dürfen Sie ihnen jedoch durchaus geben, um sie mit sich vertraut zu machen. Reden Sie ruhig mit den Hühnern, das schätzen sie, auch wenn sie nicht verstehen, was Sie sagen. Kündigen Sie durch Sprechen schon von Weitem Ihr Kommen an, das vermeidet, dass sich die Tiere erschrecken. Hühner können sehr schnell Familienmitglieder und fremde Personen unterscheiden. Genauso gut erkennen sie Hunde, Katzen oder andere Tiere, die im Haushalt leben.

Vergesellschaftung

Haben Sie bereits Hühner zu Hause und kommt jetzt ein neues Huhn hinzu, gibt es bei dessen Eingliederung ein paar Regeln zu beachten. In der Herde herrscht nämlich eine feste Rangordnung, die das soziale Leben regelt. Durch eine neue Henne wird diese Rangordnung erst einmal gestört.

Rasse und Farbe Haben Sie eine bunte Hühnerherde aus verschiedenen Rassen und Farben, ist die Rassen- und Farbenzugehörigkeit des Neuzugangs bedeutungslos. Halten Sie jedoch Hühner einer Rasse und Farbe, sollten Sie auch ein gleiches Tier eingliedern. Tiere anderer Rassen und Farben werden meistens nicht so gut integriert.

Der Hahn Natürlich ist in einer Herde immer nur ein Hahn. Der Zukauf eines zweiten Hahns würde zur Unterwerfung eines der beiden Hähne führen, und das ist für die Ruhe in der Herde nicht gut. Lediglich, wenn Ihre Tiere Freilauf haben, die Tiere also nach Verlassen des Stalls ihrer eigenen Wege gehen können, ist das Halten von mehreren Hähnen möglich. Ein Auslauf ist selten groß genug, dass die Haltung von zwei Hähnen möglich ist.

Eingewöhnung Bevor das Huhn in den Stall zu den anderen kommt, sollte es in einem separaten Raum Futter und Wasser erhalten. Untersuchen Sie den Neuling zudem auf Außenparasiten wie Federlinge und behandeln Sie ihn falls nötig.

Im Stall Setzen Sie die neue Henne erstmals morgens in den verschlossenen Stall, wenn die anderen Hühner im Auslauf sind. So kann sie sich in aller Ruhe an die fremde Umgebung gewöhnen. Der Stall vermittelt ihr schnell Sicherheit, sie frisst und trinkt und ist für eine Konfrontation mit den alteingesessenen Hühnern am Abend gewappnet. Bei gleich starken Tieren wird die neue Henne nach kurzer Auseinandersetzung wahrscheinlich unterlegen sein. Danach kehrt wieder Ruhe ein und die Nacht bringt zusätzliche Besänftigung. Am nächsten Morgen kann die Henne mit den anderen ins Freie. Eine neue Henne in der Herde empfinden Hähne immer als aufregend, der Hahn wird sich also besonders um den Neuzugang bemühen.

Integration Je nach Stall- und Auslaufstrukturierung sowie nach Wesen der Tiere ist der Neuzugang nach einer Woche, spätestens nach drei bis vier Wochen in die Herde integriert. Am schwersten haben es Junghennen, die in eine Althennenherde kommen. Kaufen Sie in so einem Fall am besten gleich zwei oder drei Junghennen, die sich kennen. Sie geben sich gegenseitig Halt und können bis zur völligen Eingliederung als Clan in der Herde leben.

Wer ist der Boss? Ist das Imponiergehabe der Hähne ausgereizt, kommt es zum Hahnenkampf.

Gesundes Futter

Eine einheitliche Fütterung für alle Hühner gibt es nicht. Grundbedingungen sind jedoch das tägliche Grünfutter, gerne auch mit Beeren, und die abendliche Körnerfütterung. Jeder Halter entscheidet selbst nach seinen Vorstellungen, seinem Finanz- und Zeitrahmen. Alles andere wird variabel gestaltet.

Was Hühner selber suchen

Die bevorzugte Nahrung der Wildhühner und der Haushühner im Freilauf ist identisch. Im Erdreich oder unter Laub suchen sie Samen, Keimlinge und Schösslinge, aber vor allem tierisches Eiweiß in Form von Insekten, Larven, Spinnen, kleinen Schnecken, Ameiseneiern und vielem mehr. Selbst junge Mäuse und Kröten verzehren sie. Außerdem picken Hühner Samen direkt von Pflanzen, Blätter von Gräsern und Kräutern, Beeren, Früchte, Knospen und Blüten. Diese vielseitige Ernährung enthält alles, was Hühner brauchen: Kohlenhydrate, Fette, tierisches und pflanzliches Eiweiß, Vitamine und

Aus dem Trog erhalten Hühner im Freien nur Grünfutter. Auf der Wiese suchen sie sich weiteres Grün, aber auch tierische Kost und Sandkörner als Mahlsteine für den Magen.

Mineralstoffe. Die Tiere sind damit nicht nur gut versorgt, sie sind auch ausreichend beschäftigt, wenn sie sich einen Teil ihrer Nahrung selbst suchen. Sie können dabei ihr natürliches Verhalten ausleben.

Individuelle Unterschiede

Obwohl Hühner individuelle Vorlieben für bestimmte Futtermittel haben können, sind sie Allesfresser. Das ist mit ein Grund, warum sie sich als Haustiere besonders eignen. Egal welche Rasse, Hühner erhalten alle das gleiche Grundfutter. Im Detail kann die Sache aber unterschiedlich aussehen.

Altersabhängig Natürlich bekommt eine ausgewachsene Henne ein anderes Futter als eine Junghenne oder ein Küken. Das Huhn muss in jedem Lebensabschnitt mit den Nährstoffen versorgt werden, die es gerade braucht (→ Seite 62).

Gewichtsabhängig Für ein Huhn um 2 kg Gewicht rechnet man durchschnittlich 125 g Futter. Schwere Rassen können jedoch einen höheren Bedarf haben, Zwerghühner einen wesentlich niedrigeren. Hennen, von denen man eine hohe Legeleistung erwartet, brauchen mehr Eiweiß als solche, die man aus Spaß an der Freude hält und die nur ab und zu ein Ei legen sollen.

Jahreszeitenabhängig Im Winter werden Hühner anders gefüttert als im Sommer.

› Weichfutter muss im Sommer schnell verzehrt werden, da es in der Hitze schnell gärt. Füttern Sie deshalb nicht zu viel auf einmal. Am begehrtesten ist Weichfutter mit hohem Wassergehalt, z. B. eingeweichte Brötchen oder gekochte Kartoffeln.

› Im Winter führt der hohe Wassergehalt des Weichfutters schnell zum Gefrieren. Dem können Sie vorbeugen, indem Sie es mit etwas Salatöl mischen.

› Mischen Sie in der kalten Jahreszeit dem Futter Mais bei. Er liefert viel Energie, die für die Wärmeerzeugung genutzt wird. Im Sommer würde eine Fütterung mit Mais dagegen schnell zur Verfettung der Tiere führen.

› Bei Grünfutter, Früchten und Gemüse, z. B. Möhren, Gurken, Zucchini, Kürbis, greifen Sie am besten auf das saisonale Angebot zurück.

› Im Winter ist Grünfutter knapp. Ihre Hühner müssen jedoch nicht darauf verzichten. Im Garten gibt es frostresistenten Grünkohl, und Möhren sind ein lagerfähiges Ersatzgrünfutter. Sehr beliebt ist Getreide, das man in Kästen auf der Fensterbank aussät. Das frische Grün können Sie mehrfach als Grünfutterration schneiden. Ebenfalls gerne mögen Hühner Brennnesselmehl. Trocknen Sie dafür im Sommer Brennnesseln und zerreiben Sie die trockenen Blätter fein. Ein weiterer guter Grünfutterersatz in der kalten Jahreszeit sind zerkleinerte Luzernepresslinge, die im Futterhandel für Kaninchen oder Pferde angeboten werden.

Gelegentlich ein paar Leckerbissen direkt aus der Hand – so machen Sie selbst scheue Hühner in kürzester Zeit zahm.

Richtig füttern

Folgende Punkte sollten Sie bei der Fütterung Ihrer Schützlinge beachten:

- morgens entweder ein Weichfutter mit Schrotfutter oder ganztägig Schrotfutter,
- tagsüber Grünfutter (ein Gras-Kräuter-Gemisch oder Kohlblätter, geschossener Salat, Schnittlauch)
- und abends eine Körnerration.
- Zusätzlich sollten Sie Ihren Hühnern in einem separaten Futtergefäß Muschelkalk (Muschelschrot) anbieten. Er liefert Kalzium für den Knochenaufbau und die Eierproduktion.

1 Geschrotete oder gemahlene Futterkörner sind vor allem für Küken wichtig. Die kleinen Tiere können die ganzen Körner noch nicht aufnehmen.

2 Am Abend gibt es immer ganze Körner für die erwachsenen Hühner. Doch tagsüber bekommen sie Schrotfutter, weil sie es besser verwerten können.

Schrotfutter

Das im Fachhandel angebotene Schrotfutter hat ein ausgewogenes Nährstoffverhältnis. Sie können der Einfachheit halber darauf zurückgreifen oder sich eine eigene Mischung zusammenstellen: Weizen (55 %), Gerste (10 %), Mais (10 %), Weizenkleie (10 %), Vollmilchpulver (10 %) und Bierhefe (5 %) sind die Bestandteile für gesundes Schrotfutter. Mit einer Schrotmühle aus dem Fachhandel können Sie die Körner selbst mahlen und so Geld sparen.

Weichfutter

Weichfutter auf der Basis von gekochten Kartoffeln oder eingeweichten Brötchen ist kohlenhydratreich. Um die Legeleistung Ihrer Hühner zu unterstützen, ist es wichtig, das Weichfutter stets mit reichlich Eiweiß anzureichern. Am einfachsten geht das mit Schrotfutter. Alternativen sind Luzernepresslinge (als Kaninchen- oder Pferdefutter im Fachhandel erhältlich, → Seite 62), Sojaschrot und Vollmilchpulver. Auch Essensreste wie Nudeln oder Fleisch können Sie untermischen.

Körnerfutter

Eine gute Körnermischung können Sie aus Weizen (80 %), Mais (15 %), Sonnenblumenkernen (2 %), Waldvogelfutter (2 %) und getrockneten Garnelen (1 %) mischen. Verteilen Sie das Körnerfutter am Abend in der Einstreu im Stall. Lassen Sie die Körnermischung für die Abendfütterung gelegentlich etwas ankeimen – das lieben die Hühner und liefert zusätzlich Nährstoffe.

Grünfutter und Obst

› Besonders wertvolle Grünfutterpflanzen sind Brennnesseln, Löwenzahn und Vogel-Sternmiere, die in der freien Natur wachsen. Im eigenen Garten können Sie Spinat, Salat und vor allem diverse Kohlgewächse anpflanzen. Auch Rettichblätter und Schnittlauch sowie sämtliche anderen Gartenkräuter schätzen Hühner sehr. Schneiden Sie das Grünfutter schnabelgerecht klein.

› Besprühen Sie im Sommer das Grünfutter mit etwas Wasser, das mögen Hühner gerne.

› Kohlblätter oder aufgeschossene Salatpflanzen können Sie in den Auslauf zum Abpicken hängen.

› Möhren, Gurken, Zucchini, Äpfel und Birnen usw. sollten die Hühner ganz oder zerkleinert erhalten.

› Ebereschenbeeren, Schlehen, Weißdornbeeren, Holunderbeeren, Johannisbeeren, Jostabeeren u. a. sind gesund und beliebt.

Zusatzfutter

› Vornehmlich im Winter, wenn gesundes Grünfutter rar ist, sollten Sie Ihren Hühnern eine Vitamin-Mineralstoff-Mischung aus dem Fachhandel ins Futter geben.

› Bierhefe darf keinesfalls fehlen (max. 5 % der Gesamtfutterration). Sie liefert Aminosäuren für den Muskelaufbau sowie Vitamine und Mineralstoffe.

› Auch Algen, Oreganoöl oder Bartflechtenextrakt aus dem Fachhandel enthalten wertvolle Stoffe. Sie stärken die Abwehrkraft der Hühner und fördern die Verdauung in vielfältiger Weise. Oreganoöl wird auch als Probiotika (→ Seite 45) eingesetzt.

Wasser

Geben Sie Ihren Hühner täglich frisches Wasser in sauberen Behältern. Je heißer die Temperaturen, desto mehr Wasser brauchen die Tiere.

3 Hühner fressen gerne Obst. Kleine Beeren verschlucken sie im Ganzen, das Fruchtfleisch halbierter Äpfel oder Birnen picken sie aus der Schale.

4 Grünfutter ist für Hühner wichtig, es enthält Vitamine und Mineralstoffe. Ernten Sie Kräuter aus dem Garten oder sammeln Sie Grünzeug in der Natur.

5 Für optimale Trinkwasserhygiene verwendet man geschlossene Wassergefäße, am besten eignen sich Stülptränken aus dem Fachhandel.

Wo und wie viel wird gefüttert?

› Die Fütterung erfolgt mit Ausnahme des Grünfutters immer im Stall. So ist das Futter vor Wind und Regen geschützt und Sperlinge werden abgehalten.

› Beobachten Sie den Futterverbrauch Ihrer Hühner. Ist der Napf im Nu geleert, haben Sie wahrscheinlich zu wenig gefüttert. Bleibt noch relativ viel übrig, war es zu viel. Die richtige Menge haben Sie bald heraus.

Das brauchen Küken und Junghühner

Küken und Junghühner bekommen für ihre optimale Entwicklung natürlich eine besondere Ernährung. Damit sie einen ausgefüllten Alltag haben, ist es für sie genauso wichtig wie für Alttiere, dass sie sich um ihr Futter bemühen müssen. Dabei werden ganz nebenbei diverse Fähigkeiten traininiert.

› **Instinkte** Werfen Sie gelegentlich eine Handvoll Kleinsämereien (Waldvogelfutter) in die Wiese. Das fördert den Futtersuch- und Scharrtrieb.

› **Muskulatur und Bewegungskoordination** Versenken Sie im Auslauf ein 15 cm langes dünnes Rohrstück und stellen Sie lange Gräser mit Samenständen hinein. Die Gräser bewegen sich, wenn die Hühner danach picken. Um an hohe Ähren zu gelangen, müssen die Hühner sogar zuweilen hüpfen.

Was Küken brauchen

Küken bekommen bereits unmittelbar nach dem Schlupf drei Tage lang Kükengrütze (grob geschrotetes Getreide) und Haferflocken. Auch klein geschnittenes Grünfutter, z. B. Schnittlauch, sollte nie fehlen. Danach erhalten sie Kükenmehl aus

Küken sollten gleich nach dem Schlupf Gelegenheit zum Fressen und Trinken haben. Futter gibt es aus einer Schale mit niedrigem Rand oder von einem Futterbrett.

dem Fachhandel. Dazu können Sie immer noch etwas Kükengrütze und Haferflocken mitfüttern.

Reichlich Eiweiß Küken benötigen für ihr Wachstum viel Eiweiß. Am einfachsten greifen Sie für eine ausreichende Eiweißversorgung auf Kükenmehl aus dem Futtermittelhandel zurück. Allerdings sollten Sie Kükenmehl erst füttern, wenn die Kleinen intensiv Wasser trinken, meist nach etwa drei Tagen (zuweilen muss man ihnen durch das Eintauchen des Schnabels ins Trinkwasser das Wassergefäß zeigen). Wasser ist wichtig für die Verdauung des trockenen Kükenmehls.

Dieses eiweißreiche Futter gibt es übrigens auch in Pelletform. Davon ist jedoch abzuraten, da Pellets leichter verpilzen als Mehlfutter und außerdem zu schnell sättigen. Hühner sollen einen ausgefüllten Alltag haben und dazu gehört von klein auf vor allem die Nahrungssuche und -aufnahme.

Zusätzlich zum Kükenmehl erhalten die Kleinen hart gekochte und mit der Gabel zerdrückte Eier. Unter diesen beliebten Leckerbissen können Sie Vitamine und Mineralstoffe mischen, zudem Bierhefe für alle Eiweißbausteine, die optimales Wachstum sichern.

Junghennen und -hähne

Sind die Küken sechs bis acht Wochen alt, werden die Geschlechter getrennt aufgezogen. Junghennen ab der achten Woche sollten langsam heranwachsen. Ihre Kost ist deshalb eiweißärmer als bei den Küken und den Alttieren; sie erhalten das eiweißärmere Junghennenmehl aus dem Fachhandel als Futter. Junghähne können wie die Alttiere ein eiweißreiches Legemehl bekommen, da sie sich langsam entwickeln. Steigen Sie nicht abrupt vom Küken- aufs Junghennenmehl bzw. aufs Legemehl um, sondern mischen Sie nach und nach immer mehr von dem neuen Futter dazu.

Junghühner bekommen wie Küken oder Alttiere stets Grünfutter, Beeren und Gemüse. Abends erhalten sie eine Körnermischung. Ab und an ein paar getrocknete Garnelen als Leckerbissen macht die Tiere zutraulich. Bieten Sie Junghühnern in einem separaten Gefäß stets auch Muschelkalk für den Aufbau ihrer Knochen an.

Appetit anregen Junghühner sind im Hochsommer oft hohen Temperaturen ausgesetzt, sie haben dann deutlich weniger Appetit. Damit die Junghühner trotzdem genügend Nährstoffe für eine gute Entwicklung aufnehmen, können Sie einen Teil des Mehl- bzw. Schrotfutters mit etwas Wasser anrühren. Dieses feuchtkrümelige Futter regt bei Hitze den Appetit an. Achten Sie aber darauf, dass es nicht zu lange im Futtertrog liegen bleibt. Bei Hitze kann es rasch gären und sauer werden. Vergorenes Futter schadet der Gesundheit der Hühner.

Gesunder **Zeitvertreib**

Diesen nahrhaften Zeitvertreib werden Ihre Junghühner lieben: Füllen Sie ein grobmaschiges Netz (z. B. ein Einkaufsnetz) mit Grünfutter aus Garten und Natur und befestigen Sie es in Kopfhöhe der Hühner. Durch die Maschen picken sie das Grünzeug heraus. Oder hängen Sie Grasbündel mit Samenständen an den Auslaufzaun. Die Hühner picken die Samen aus den Grasähren.

Pflege-Basics

Für die Körperpflege Ihrer Hühner brauchen Sie nur die richtigen Voraussetzungen zu schaffen, den Rest machen die Hühner alleine.

So pflegt sich das Huhn

Gefiederpflege ist ein wichtiger Punkt im Tagesablauf der Hühner. Gleich nach dem Aufwachen widmet sich das Huhn seinem Federkleid, dann noch einmal nach der morgendlichen Futtersuche und ein letztes Mal abends vor dem Einschlafen. Das Huhn entfernt dabei Schmutzpartikel, bringt das für Isolation und Schutz wichtige Untergefieder auf Vordermann und rückt Parasiten zu Leibe.

Federkleid putzen Das Gefieder wird geputzt und geglättet, indem das Huhn die einzelnen Federn durch den Schnabel zieht. Dabei schließen sich die Federästchen wie bei einem Reißverschluss und zerschlissene Federn werden wieder zu perfekt anliegenden und schützenden Federn. Bei dieser Prozedur kommt es zu einer antistatischen Aufladung, die das Gefieder vor Staub und Feuchtigkeit schützt. Zudem fetten die Hühner ihr Gefieder mit der öligen Substanz aus ihrer Bürzeldrüse ein – eine Fettemulsion, die das Federkleid besonders gut gegen Nässe und Schmutz wappnet.

Sand- oder Staubbad Außenparasiten sind mit dem Schnabel nicht allzu gut zu erwischen. Aus diesem Grund badet das Huhn in trockenem Sand oder staubiger Erde. Die feinen Staubpartikel verschließen die Atemöffnungen der Parasiten, wodurch sie sterben. Da Sand- bzw. Staubbäder das Federwerk entfetten, muss es bei dem folgenden Putzvorgang wieder mit dem Fett aus der Bürzeldrüse eingefettet werden.

Sonnenbad Bei sonnigem Wetter sieht man oft Hühner, die mit ausgestreckten Flügeln die Wärme der Sonne genießen. So ein Sonnenbad ist gut für die allgemeine Fitness. Die UV-Strahlen der Sonne sind zudem für Außenparasiten schädlich.

Was der Halter tun kann

Ob Ihre Hühner gesund sind und bleiben, liegt zu einem erheblichen Teil in Ihrer Hand. Das A und O einer guten Hühnerhaltung sind ein sauberer Stall und Auslauf. Unhygienische Verhältnisse führen schnell zu Parasitenbefall und Krankheiten.

Sandbaden ist den Hühnern angeboren. Sorgen Sie dafür, dass sie diesen Instinkt ausleben können.

Kot entfernen Reinigen Sie das Kotbrett täglich bzw. den Kotauffangkasten mindestens einmal in der Woche.

Ritzen Der Hühnerstall sollte so beschaffen sein, dass sich keine Parasiten wie etwa Rote Vogelmilben verstecken können. Bei glatten Stallwänden suchen solche Parasiten, die nur nachts die Hühner aufsuchen, vergeblich Unterschlupf. Überprüfen Sie stets auch die Unterseite der Sitzstangen, ihre Wandhalterung und die Legenester auf Ungeziefer.

Auslauf Gehen Sie täglich oder zumindest wöchentlich mit dem Laubrechen durch den Auslauf und befreien Sie ihn von Federn, Kot und nicht verzehrtem Grünfutter.

Parasiten bekämpfen Haben Sie an einem Huhn Federlinge entdeckt – gut erkennbar an ihren weißlichen Eierkokons an der Federbasis um die Kloake –, behandeln Sie das Gefieder mit einem Puder oder Spray aus dem Fachhandel. Den Puder können Sie zusätzlich noch ins Sand- oder Staubbad mischen. Im Fachhandel werden außerdem Glimmerprodukte angeboten. Diese können Sie ebenfalls dem Sand- oder Staubbad zusetzen. Wenn sich die Hühner darin wälzen, schlitzen die scharfkantigen Glimmerpartikel die Haut der Parasiten auf. Für Hühner ist dieses Produkt vollkommen harmlos, weil es keinerlei Chemie enthält und somit ökologisch ist.

Regelmäßige **Pflege**

TÄGLICH	Kot vom Kotbrett entfernen. Legenester auf einwandfreien Zustand kontrollieren. Futter- und Wassergefäß auf Verschmutzung überprüfen.
WÖCHENTLICH	Kot aus dem Kotauffangkasten entfernen. Feuchte Stellen um das Wassergefäß überprüfen und gegebenenfalls entfernen oder durch einen Untersetzer vermeiden. Auslauf durchrechen und alle Schmutzpartikel entfernen.
MONATLICH	Einstreu erneuern (bei geringer Belastung auch erst nach sechs Monaten). Tiere mit der Hand auf Parasiten und Fitness überprüfen. Bei batteriebetriebenem Schlupflochschließer den Ladezustand der Batterien kontrollieren. Den Futterlagerraum auf einwandfreie Lagerqualität überprüfen und nach Nagespuren von Mäusen oder Ratten Ausschau halten.
JÄHRLICH	Mauserwechsel der Hühner beobachten. Stall auf Beschädigungen durch Mäuse, Ratten oder Witterungseinflüsse überprüfen und falls nötig beseitigen. Auslaufumzäunung kontrollieren. Innenstallanstrich erneuern. Wechselauslauf anlegen (besser halbjährlich); falls nicht möglich: obere Erdschicht austauschen.

Gesundheitsvorsorge

Ihre Hühner bleiben gesund und fit, wenn Haltung und Ernährung stimmen. Ein trockener, zugluftfreier Stall mit Be- und Entlüftung, ein gepflegter Auslauf und eine ausgewogene artgerechte Ernährung sind die Basis. Dazu gehört eine normale, also keine übertriebene Hygiene in beiden Bereichen.

Einwandfreies Futter

Schimmeliges, ranziges oder vergorenes Futter ist für Hühner genauso schädlich wie für den Menschen. Dazu zählen auch faules Obst oder mit Spritzmitteln belastetes Futter. Auf genmanipulierte Futterstoffe sollten Sie ebenfalls verzichten; Sojaschrot stammt meistens aus genetisch veränderten Pflanzen. Ebenfalls ungeeignet sind sehr salzige oder scharfe Essensreste.

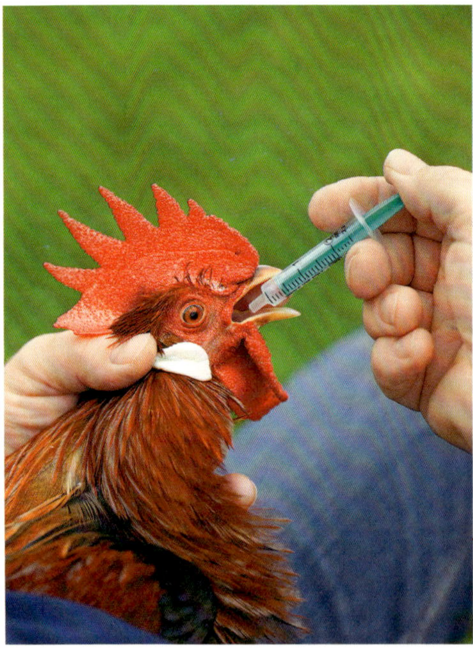

Flüssige Multivitaminpräparate oder auch Medizin gibt man langsam mit einer Spritze (ohne Nadel!) in den Schlund des Huhns.

Nahrungsergänzung

Für die Gesundheit sorgt eine natürliche Ernährung (→ Seite 34) mit reichlich Vitalstoffen, wie Vitamine, sekundäre Pflanzenstoffe und Mineralstoffe. Diese sind vornehmlich in Grünfutter, Früchten und Gemüse enthalten. Weil Hühner jedoch meistens keine Selbstversorger in freier Natur sind, sollten Sie ihnen in Abständen eine Vitalstoff-Ergänzung ins Futter geben. Sie unterstützen nachhaltig die Gesundheit der Tiere und sind im Fachhandel in Form von Vitaminen, Mineralstoffen, Bierhefe und Algen erhältlich. Bevorzugen Sie Präparate in Pulverform, sie kann man gut unters Futter mischen.

Impfung

Hühner müssen gegen die sogenannte New-Castle-Disease (Atypische Geflügelpest) geimpft werden. Dies geschieht über das Trinkwasser. Nehmen Sie den Wasserspender für etliche Stunden weg. Danach erhalten die Hühner wenig mit Impfmittel versetztes Wasser. Da sie durstig sind, trinken sie das Wasser zügig weg. Impfstoffe erhält man entweder beim Tierarzt oder kostengünstig als Mitglied in einem Gefügelzuchtverein.

So fühlen sich Ihre Hühner wohl

Scharren und Fressen sind die Lieblingsbeschäftigungen der Hühner. Das Futter sollte natürlich ausgewogen sein, aber es dient auch dem Zeitvertreib, damit die Tiere einen ausgefüllten Alltag haben.

Tut gut

- **+** Küchenabfälle fressen Hühner gerne. Gelegentlich können Sie auch wenig gewürzte Essensreste verfüttern.
- **+** Beschäftigen Sie die Hühner, indem Sie ihnen ganze Möhren, halbierte Zucchini, Gurken oder Äpfel zum Auspicken anbieten.
- **+** Im Winter ist Grünkost rar. Säen Sie deshalb Getreide in Blumenkästen am Zimmerfenster aus und schneiden Sie die Halme schnabelgerecht. Dieses Grünfutter mögen auch Küken.
- **+** Geben Sie Ihren Hühnern Leckerbissen wie getrocknete Garnelen oder Bachflohkrebse aus der Hand. Diese tierische Kost ist besonders wertvoll und macht die Hühner schnell zahm.

Besser nicht

- **–** Kartoffel- oder Zwiebelschalen und schimmeliges Brot sind nichts für Hühner. Derartiges »Futter« führt schnell zu Verdauungsproblemen.
- **–** Geben Sie Ihren Hühnern kein Pelletfutter, es sättigt zu schnell und führt deshalb zu Langeweile. Das wiederum kann Unarten wie Federpicken fördern.
- **–** Feuchte Einstreu ist für Hühner Gift. Achten Sie bei der Stallanlage auf eine gute Bodenplatte, und tauschen Sie feucht gewordene Einstreu sofort aus.
- **–** Mäuse sind eine große Gefahr für die Futterhygiene. Haben Sie Mäusekot gefunden oder gar eine Maus im Stall gesehen, heißt es: Falle aufstellen.

Wenn Hühner krank werden

Hühner sind von Natur aus vital und agil. Nach Öffnen des Schlupflochs gehen sie sofort ins Freie. Bleibt ein Huhn im Stall oder hält es sich ständig abseits, ist das ein Warnsignal.

Hühner verbergen Krankheiten

Hühner sind soziale Tiere mit Ranghierarchie. Kranke Tiere verlieren ihren Status schnell. Deshalb setzen sie alles daran, Krankheiten zu verbergen, damit die Artgenossen ihre Rangstellung nicht in Frage stellen. Machen Hühner einen schlappen Eindruck, ist die Krankheit meist schon fortgeschritten.

Hühner verbergen Krankheiten so lange es geht. Deshalb sollten Sie bereits kleinste Krankheitszeichen sehr ernst nehmen.

Erste Maßnahmen

› Als Erstes überprüft man das Huhn auf Verletzungen oder starken Befall durch Außenparasiten. Solche Krankheitsursachen sind schnell behebbar.

› Hinkende Hühner erholen sich oft rasch von alleine. Überprüfen Sie aber unbedingt die Fußballen. Zuweilen kommt es zu Fußballenabszessen, die der Tierarzt entfernen muss.

› Hühner, die Durchfall haben, müssen nicht unbedingt krank sein. Oft erledigt sich das Problem von alleine. Auch Hühner verderben sich manchmal den Magen. Wird Durchfall jedoch zu einem Dauerzustand, sollte der Kot auf Krankheitskeime untersucht werden, auch wenn das Huhn gesund erscheint (Abschnitt unten). Dem Futter zugesetztes Algenpulver hilft oft schnell, Krankheitsverursacher zu binden und auszuscheiden. Hafer unterstützt die Darmreinigung. Hühner mögen ihn aber meist nur, wenn er angekeimt ist.

Medikamente

Leider kennen sich viele Tierärzte mit Geflügelkrankheiten kaum aus und Fachtierärzte für Geflügel sind rar. Wenn ein Huhn einen schlappen Eindruck macht, ist eine Kotuntersuchung durch den Tierarzt sinnvoll, denn Eingeweidewürmer oder Kokzidien sind häufig die Ursachen. Auch wenn nur ein Huhn erkrankt ist, sollten Sie in so einem Fall den gesamten Bestand behandeln.

Der richtige Haltegriff ist wichtig, damit man ein Huhn problemlos in Augenschein nehmen und gegebenenfalls behandeln kann.

Bei manchen Arbeiten ist man am besten zu zweit, zum Beispiel beim Einsprühen gegen Federlinge, die sich bevorzugt an den Flügelfedern aufhalten.

Die Abwehr stärken

› Bei ersten Krankheitsanzeichen, etwa mangelnder Bewegungsfreude, sollten Sie das Immunsystem des Huhns stärken und Vitalstoffe in Form eines Vitamin-Mineralstoff-Präparats verabreichen, z. B. als Kapseln, die man dem Huhn direkt in den Schnabel gibt (mit einer Hand den Schnabel öffnen, mit der anderen die Kapsel in den Schlund geben). Zusätzlich ist Vitamin K1 (Ka-Vit-Tropfen) aus der Apotheke sinnvoll. Vitamin K1 ist in vielen Kombi-Präparaten nicht oder in zu geringen Anteilen enthalten. Es ist gut für Knochenaufbau und Darmflora.

› Im Fachhandel gibt es eine große Auswahl an Behandlungsmitteln für erkrankte und Stärkungsmittel für gesunde Tiere. Colostrum (Biestmilch- oder Erstmilchpulver) ist ebenfalls ein Präparat, das die Immunkräfte stärkt. Dieses Präparat können Sie Hühnern immer geben, wenn sie nicht ganz fit erscheinen. Meist wird das Mittel nur für Rasse- oder Brieftauben angeboten. Eine Taubenkapsel können Sie bedenkenlos einem Huhn verabreichen.

Kranke Tiere isolieren und päppeln

› Vorsichtshalber nimmt man ein krankes Huhn aus dem Bestand und isoliert es, bis es wieder gesund ist. Das Krankenquartier sollte zugfrei und mit Einstreu ausgelegt sein, außerdem muss es Tageslicht haben. Ideal ist dafür ein Abteil im Stall, falls das nicht möglich ist, setzen Sie das Huhn in einen großen Umzugskarton.

› Geben Sie in das Trinkwasser eine geviertelte Knoblauchzehe und füttern Sie ein feuchtkrümeliges Weichfutter mit gutem Eiweißgehalt (→ Seite 36), dem Sie Algenpulver (→ linke Seite) und Bierhefe zugesetzt haben. Bierhefe liefert Eiweißbausteine und reichlich Vitamin B. Mischen Sie zusätzlich Probiotika, die Sie im Handel u. a. in Pulverform erhalten (→ Seite 62), unter das Weichfutter. Sie sorgen für gute Verdauung. Ansonsten bekommen kranke Hühner eine gute Körnermischung mit Kleinsämereien, z. B. Waldvogelfutter und Grünfutter. Mit dieser gesunden Ernährung hat Ihr Patient die besten Voraussetzungen für eine baldige Genesung.

Nachwuchs bei Hühnern

Im Frühjahr erwacht der Fortpflanzungstrieb. Hähne können jetzt häufig gereizt reagieren, wenn Sie sich ihren Hennen nähern. Mit Abklingen des Fortpflanzungstriebs legt sich dieses Verhalten wieder.

Die Paarung

Der Hahn lockt Hennen unter Futterrufen an, um dann mit einem herunterhängenden Flügel um sie zu werben. Ist eine Henne paarungsbereit, duckt sie sich, spreizt die Flügel ab und der Hahn »tritt« sie. Treten nennt man bei Hühnern den Begattungsakt. Dabei hält sich der Hahn mit seinen Zehen an den abgespreizten Flügeln der Henne fest. Unter leichtem Beiseiteschieben des Schwanzes pressen die beiden ihre Kloake aufeinander – so kann das Sperma übertragen werden. Das 24 Stunden nach der Paarung gelegte Ei ist in der Regel befruchtet. Befruchtete Eier schmecken übrigens kein bisschen anders als nicht befruchtete und können verzehrt werden.
Zahlreiche Samenzellen sammeln sich im Eileiter der Henne in Spermiendepots. Sie sind eine Ausweichstelle für Spermien, wenn im Eileiter gerade ein Ei unterwegs ist. In den Depots können die Spermien viele Tage vital bleiben und weitere Eier befruchten. Die beste Garantie für eine gute Befruchtung ist jedoch der tägliche Hahnentritt.

Den Paarungsakt nennt man beim Huhn Treten. Die dabei übertragenen Spermien sorgen für befruchtete Eier.

21 Tage lang bebrütet eine Glucke ihre Eier. Danach zeigt sie den Küken alles, was zum Überleben nötig ist.

Nicht alle Hühnerrassen brüten

Wer in seinem Garten eine Glucke mit Küken beobachten möchte, sollte sich bereits vor dem Kauf darüber informieren, welche Rassen zuverlässig brütig werden. Es gibt nämlich zahlreiche Rassen, deren Brütigkeit durch Zucht abhandengekommen ist. Sprechen Sie beim Kauf den Züchter darauf an, wie die Brutsituation bei seinen Hühnern ist. Denn oftmals gibt es auch innerhalb einer Rasse Zuchtlinien, die häufig bzw. selten brütig werden. Wenn Sie bereits Hühner haben, die nicht brüten, können Sie trotzdem Nachwuchs züchten. Mit modernen Brutapparaten (künstliche Brut) geht das ganz einfach (→ Seite 49).

Bruteier aufbewahren

Damit Bruteier (befruchtete Eier) nicht verschmutzen und optimal gelagert werden, entfernt man sie möglichst schon am Vormittag aus dem Nest. Legen Sie die Eier mit der Spitze nach unten in einen Eierkarton. Verbrauchen Sie die älteren Eier immer in der Küche, sodass Sie für eine Glucke stets die jüngsten vorrätig haben. Bruteier sollten möglichst nicht älter als zehn Tage sein. Sobald eine Henne gluckig wird (Abschnitt rechts), legt man ihr die gesammelten Eier ins Nest.
Die besten Lagerbedingungen haben Bruteier bei kühlen Temperaturen von etwa 8 °C. Im Kühlschrank ist es allerdings zu kalt. Fällt die Bruteiersammelphase in eine heiße Zeit, ist die Luftfeuchtigkeit sehr gering. In diesem Fall stellen Sie eine Schüssel mit Wasser in den Lagerraum.
Idealerweise sollten Bruteier während der Aufbewahrung leicht schräg stehen. Stellen Sie dafür den Eierkarton mit einer Schmalseite auf einen 2 bis 3 cm hohen Gegenstand. Abends drehen Sie den Karton und stellen die andere Schmalseite höher.

Küken sind ganz feucht, wenn sie aus dem Ei schlüpfen. Unter der Mutter oder im Brutapparat trocknet ihr feiner Flaum jedoch rasch.

Die Glucke

Eine gluckige oder brütige Henne erkennen Sie daran, dass sie auf dem Nest sitzen bleibt und ihr Gefieder sträubt, sobald Sie sie vom Nest nehmen wollen. Geben Sie der Glucke so viele Eier ins Nest, wie sie mit ihrem Körper bzw. Gefieder abdecken kann. Je nach Rasse sind das 9 bis 13 Eier. Lieber gibt man ihr ein Ei weniger als eines zu viel, denn für einen optimalen Brutprozess ist es wichtig, dass alle Eier gut gewärmt werden. Die untergelegten Eier können selbstverständlich von verschiedenen Hennen stammen. Am günstigsten ist es, wenn man die Glucke ungestört von ihren Artgenossen brüten lässt.
Zu diesem Zweck muss die im Legenest sitzende Henne in ein anderes Nest umquartiert werden. Das nimmt sie in der Regel widerspruchslos hin. Die Brutdauer beträgt 21 Tage.

Das Brutnest

Das Legenest wird zum Brutnest umfunktioniert, indem es eine erdfeuchte Unterlage erhält, z. B. eine ausgestochene Grassode, die mit der Erde nach oben eingebracht wird. Darauf kommt eine Lage Heu oder Stroh, die Sie immer wieder mal auf Ungeziefer kontrollieren. Die Grassode sollte man gelegentlich mit der Blumenspritze leicht anfeuchten. Dazu müssen Sie das Heu oder Stroh anheben. Am besten machen Sie das, wenn die Henne ihr Nest verlassen hat, um zu fressen und sich zu entleeren. Geht sie nicht alleine vom Nest, heben Sie sie jeden zweiten Tag vorsichtig herunter, sodass die Eier keinen Schaden nehmen. Es ist normal, wenn die Glucke dabei nach Ihnen pickt. Das zeigt, dass sie bereit ist, ihr Gelege zu verteidigen. Die Henne geht von alleine wieder aufs Nest. Werden Sie also nicht unruhig, das kann schon mal bis zu einer Stunde dauern. Die Entwicklung der Küken leidet darunter nicht. Die Kühlung regt vielmehr den Stoffwechsel in den Eiern an.

Frisch geschlüpfte Küken sind schnell auf den Beinen. Es macht ihnen nichts aus, wenn man sie in die Hand nimmt und vorsichtig berührt.

Befruchtete und unbefruchtete Eier

Einem Ei sieht man von außen nicht an, ob es befruchtet ist oder nicht. Sie brauchen jedoch nicht bis zum Schlupftermin zu warten, um Gewissheit zu haben. Im Fachhandel gibt es spezielle Lampen, sogenannte Schierlampen, mit denen Sie die Eier durchleuchten können. Das geschieht in einem dunklen Raum um den achten sowie um den 18. Bruttag. Nutzen Sie dafür wiederum die Zeitspanne, in der die Glucke das Nest zum Fressen verlassen hat.

Ist ein Ei befruchtet, sieht man am achten Tag ein schlagendes Herz und ein »Spinngewebe« von Blutadern. Ein klares Ei ist unbefruchtet und kommt nicht mehr ins Nest. Am 18. Tag ist ein Ei mit einem gut entwickelten Küken nahezu schwarz, nur die Luftblase ist zu erkennen. Ist das Ei jedoch trübe oder relativ hell, ist der Embryo abgestorben. Das Ei wird nicht mehr ins Nest gelegt.

Tipp Einen Schierkasten können Sie sich auch selbst aus Holz bauen. Er sieht aus wie ein Schuhkarton, dessen Deckel eine eigroße Öffnung hat.

In den Kasten montiert man eine Glühbirne (Energiesparbirne), die nicht verrutschen kann. Legt man das Ei auf die Öffnung und schaltet das Licht an, hat man den gleichen Effekt wie bei einer Schierlampe. Mit Schablonen aus Pappe können Sie den Eiausschnitt im Deckel falls nötig verkleinern.

Aufzucht der Küken

Die engen Bande zwischen Glucke und Küken zu beobachten, macht einen großen Reiz der Hühnerhaltung aus. Sind die Küken aus dem Ei geschlüpft, übernimmt die Glucke die Aufzucht ganz alleine. Der Halter muss nur für das Futter sorgen. Da die Wärmeregulierung bei den Küken noch nicht entwickelt ist, wärmt die Glucke sie immer wieder mit ihrem Körper. Dazu setzt sie sich auf den Boden und plustert sich auf. Die Küken schlüpfen wie auf Kommando unters Gefieder und wärmen sich auf.

Aufenthalt im Freien

Achten Sie darauf, dass der Auslauf der Glucke gut gesichert ist (→ Seite 31). Für Katzen, Krähen und Elstern sind Küken eine begehrte Beute. Frische Luft und Sonne sind für die Entwicklung der Küken wichtig, denn unterschiedliche Wetterbedingungen fördern ihre Abwehrkraft. In den ersten drei Wochen sollten Sie jedoch darauf achten, dass Küken nicht in feuchtem Gras umherstreifen, das kann schnell zu tödlichen Erkältungen führen. Sehr bald sprießen die Federchen der Küken: Je mehr Federn sie haben, desto besser funktioniert ihre Wärmeregulierung. Beim Aufenthalt im Freien können die Küken ihre Instinkte ausleben. Schon Küken scharren in der Erde intensiv nach Fressbarem. Bringen Sie deshalb in die Erde Kleinsämereien ein, damit die Kleinen beim Scharren auch Erfolgserlebnisse haben und sie dabeibleiben.

Künstliche Brut

TIPPS VOM HÜHNER-EXPERTEN
Michael von Lüttwitz

BRUTAPPARAT Da selbst bei brutfreudigen Rassen nicht jede Henne brütig wird, legen sich viele Halter einen Brutapparat aus dem Fachhandel (→ Seite 62) zu. In kostengünstigen Flächenbrütern kann man gut 50 Eier unterbringen, in aufwendigeren Motorbrütern bis zu 500 und mehr. Die Bruteier lagern Sie genauso wie für eine Naturbrut mit Glucke (→ Seite 47). Die Eier überprüfen Sie ebenfalls mit Hilfe einer Schierlampe (→ Seite 48). Halten Sie sich ansonsten an die Gebrauchsanweisung des jeweiligen Brutapparatherstellers.

AUFZUCHT Sind die Küken geschlüpft, brauchen sie im Aufzuchtraum eine Wärmequelle in Form eines Infrarotdunkelstrahlers oder einer Wärmeplatte. Verwenden Sie keine Hellstrahler, sie beeinträchtigen den natürlichen Tag-Nacht-Rhythmus. Die Anfangstemperatur in Kopfhöhe der Küken beträgt 32 bis 35 °C. Jede Woche wird die Temperatur durch Höherhängen der Wärmequelle um 2 °C gesenkt. Ab der sechsten Woche können Sie tagsüber auf die Heizquelle verzichten, nach einer weiteren Woche entfernen Sie sie ganz.

Wunder Hühnerei

Eier gelten als die kleinsten Konserven der Welt. Außerdem gehören sie zu unseren hochwertigsten Nahrungsmitteln. Ihre Inhaltsstoffe hängen allerdings sehr stark von der Ernährung der Tiere ab. Deshalb ist die Haltung von eigenen Hühnern die beste Möglichkeit, um hochwertige Eier zu erhalten.

Gesunde und frische Eier

Je frischer ein Ei ist, desto besser schmeckt es und desto hochwertiger ist es. Seine wertvollen bioaktiven Komponenten nehmen allerdings im Laufe der Lagerung ab. Bis Eier über den Handel auf Ihren Tisch kommen, dauert es einige Zeit. Deshalb geht nichts über nestfrische Eier von eigenen Hühnern. Grundsätzlich sind Hühnereier bei Kühlschranktemperatur mindestens 28 Tage haltbar.

Frischetest

Wie lange gekaufte Eier frisch sind, sagt uns der Aufdruck auf dem Eierkarton. Bei den Eiern der eigenen Hühner kann es schon mal passieren, dass man den Überblick verliert. Dann hilft der Eier-Frischetest. Legen Sie das Ei in ein Glas mit Wasser. Bleibt es auf dem Boden mehr oder weniger waagerecht liegen, ist es frisch. Richtet es sich auf oder schwebt es im Wasser, sollte es bald verbraucht werden. Schwimmt das Ei an der Wasseroberfläche, kann es zu alt sein und Sie sollten es nicht mehr essen. Der Grund für die Aussagekraft dieses Tests liegt in der Luftblase. Mit zunehmendem Alter wird die Luftblase am stumpfen Ende des Eis immer größer. Das liegt daran, dass die Schale des Hühnereis porös ist und so Feuchtigkeit aus dem Innern verdunsten kann. Je größer die Luftblase, desto mehr richtet sich das Ei im Wasser auf, bis es letztendlich zur Oberfläche schwimmt. Versehen Sie am besten jedes Ei gleich nach dem Legen per Bleistift mit dem Legedatum auf dem stumpfen Eipol – so behalten Sie den Überblick.

Es ist übrigens ein weitverbreiteter Irrtum, dass beim gekochten Ei die Farbe eines grünlich-blauen Dotterrings etwas über die Frische des Eis aussagen würde. Er bedeutet lediglich, dass das Ei sehr lange gekocht wurde.

... jeden Tag ein Ei

Hühner legen jeden Tag ein Ei, sofern sie nicht zu alt sind, gute Haltungsbedingungen vorfinden und ausgewogen ernährt werden.

Ab wann legen Hühner Eier?

Junghennen kommen mit 4 ½ bis 5 Monaten ins Legealter. Ihre ersten Eier haben meistens noch nicht Normalgröße, doch das spielt sich bald ein. Zuweilen ist auf den ersten Eiern von Junghennen ein blutiger Streifen zu sehen. Das ist nicht ungewöhnlich und liegt daran, dass im Eihalter (vergleichbar der Gebärmutter bei Säugern) ein Äderchen geplatzt ist. Sobald sich der Legevorgang eingespielt hat, verschwinden solche Symptome.

Gelegt wird vormittags

Ihr erstes Ei legen Hühner am Morgen. Weil etwa alle 24 Stunden ein Ei heranreift, entsteht ein morgendlicher Legerhythmus, der sich nur etwas in den Vormittag verschiebt. Am Ende einer Legeserie hört das Huhn am späten Vormittag auf zu legen.

Eier **richtig lagern**

KONSUMEIER Eier zum Verbrauch in der Küche lagert man auf der Spitze im Eierkarton oder im Kühlschrank, damit die Eimasse nicht auf die Luftblase am stumpfen Eierpol drückt. Eine Verletzung der Luftblase ist der Haltbarkeit abträglich.

BRUTEIER Sie stehen auf der Spitze im Eierkarton, der leicht schräg aufgestellt zweimal täglich gewendet wird (→ Seite 47).

Mit Legeserie ist die jährliche Legeleistung gemeint. Diese liegt je nach Rasse bei 80 bis 220 Eiern, bei Kämpferrassen sind es zuweilen weniger als 80 Eier. Hennen, die gebrütet und Küken aufgezogen haben, legen bedeutend weniger Eier pro Jahr, da sie eine Lege-Auszeit hatten.

Jahreszeitliche Legephasen

Egal ob Jung- oder Althennen: Im Winter versiegt die Eierproduktion unweigerlich. Im Frühjahr oder gar schon im späten Winter beginnen die Hühner dann ihre neue Legeserie. Der Legeakt wird vom Gehirn durch Hormone gesteuert. Werden die Tage kürzer, wird das vom Gehirn registriert und es stellt die Eierproduktion allmählich ein. Umgekehrt läuft es genauso. Wenn die Tage länger werden, startet die Eierproduktion, indem das Gehirn die Legehormone ausschüttet. Dieser Rhythmus ist sehr sinnvoll, denn das Frühjahr und der folgende Sommer bieten gute Aufzuchtchancen für den Nachwuchs. Die Fütterung hat auf den Legebeginn nur insofern Einfluss, als schlechte Fütterung zu verspätet einsetzender Eierproduktion führt. Gute Fütterung garantiert regelmäßigen Eiersegen in der Legephase.

Winterleger Es gibt auch Hühner, die den Winter über legen, die sogenannten Winterleger. Vor allem die Hamburger und Ramelsloher Hühner sind als Winterleger bekannt.

Durch Tageslicht gesteuert

Die winterliche Legepause können Sie verkürzen, indem Sie für Ihre Hühner den Frühjahrsstart vorverlegen. Dafür brauchen Sie nur die Tage durch elektrisches Licht im Stall verlängern (→ Seite 57).

Wenn Sie Hühner nicht nur aus reiner Freude, sondern in erster Linie der Eier wegen halten wollen, sollten Sie sich vor dem Kauf genau über die Legeleistung der ausgewählten Tiere informieren. Die abgebildeten Asilhühner sehen zwar sehr attraktiv aus, gehören aber nicht zu den besten Legern.

Das Tageslicht bzw. die Lichtdauer hat aber auch Einfluss auf die Spermienbildung des Hahns. Er braucht vier Wochen Licht für ein optimales Ejakulat, während die Henne schon nach zwei Wochen ausreichendem Tageslicht mit dem Legen beginnt. Berücksichtigen Sie diesen Unterschied beim Sammeln von Bruteiern, denn die Eier sind in den ersten 14 Tagen nicht oder nur schlecht befruchtet. Verwenden Sie die Eier der ersten beiden, zumindest aber der ersten Woche, in der Küche.

Altersbedingte Legeleistung

Einjährige Hennen bringen die höchste Legeleistung. In den beiden Folgejahren lässt die Eierproduktion bereits leicht nach, dafür steigt das Gewicht der Eier. Ab dem vierten Jahr sinkt die Legeleistung deutlich. Es gibt keine Richtwerte für die Eierproduktion über das vierte Jahr hinaus, da hier starke individuelle Unterschiede vorliegen. Manche Hennen legen noch im achten Jahr ein paar Eier, andere stellen schon im sechsten Jahr das Legen ein.

Wie ein Ei entsteht

In jedem Küken sind bereits beim Schlupf etwa 4500 Eizellen mit Dotter angelegt. Sie kommen aber bei Weitem nicht alle zur Reife. Von der Entstehung im Eierstock bis zum Ei ist es ein langer Weg.

Mit dem Dotter fängt es an

Die Fortpflanzungsorgane der Hühner bestehen aus Eierstock und Eileiter. Während Säuger zwei Eierstöcke haben, besitzen Vögel nur einen.

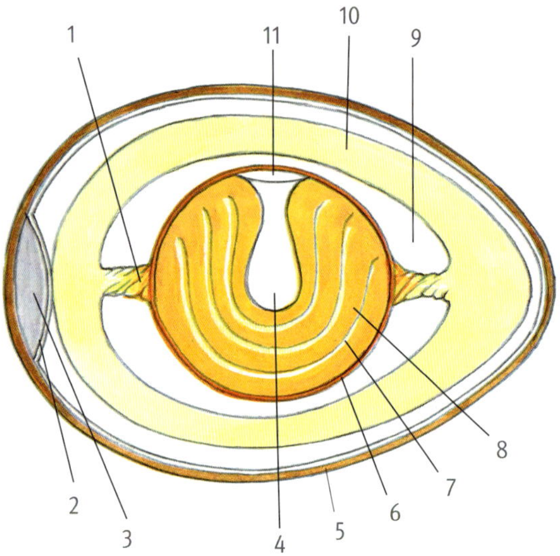

1 Hagelschnur, 2 Schalenhaut, 3 Luftkammer, 4 Bildungsdotter, 5 Kalkschale, 6 Dotterhaut, 7 weißer Dotter, 8 gelber Dotter, 9 dünnflüssiges Eiweiß (Eiklar), 10 dickflüssiges Eiweiß (Eiklar), 11 Keimscheibe (bei befruchteten Eiern)

Im Eierstock reifen die Dotterkugeln heran. Alle 24 Stunden wird eine reife Dotterkugel mit einer aufsitzenden Eizelle in den Eileiter abgegeben – die Eibildung beginnt.

Der Dotter hat einen mehrschichtigen Aufbau. Aus dem Bildungsdotter (mit der Eizelle bzw. Keimscheibe) entwickelt sich der Embryo. Der weiße, fettärmere Dotter und der gelbe, fettreiche Dotter unterscheiden sich rein optisch nicht. Seine gelbe Farbe bekommt der Dotter durch fettlösliche Farbpigmente (Karotinoide). Während der Wanderung durch den Eileiter werden dem Dotter, der durch die Dotterhaut geschützt ist, verschiedene Eiweißschichten aufgelagert. Damit der Dotter nicht im Eiweiß umherschwimmt und die Eizelle dadurch Schaden nimmt, ist er mit zwei Eiweißsträngen, den Hagelschnüren, fixiert. Sobald der Dotter von der ersten Schicht Eiweiß umhüllt ist, kann keine Befruchtung mehr stattfinden. Das Ei wird deshalb im oberen Teil des Eileiters vor der Eiweißauflagerung befruchtet. Im Eileiter beginnt sich die Eizelle zu teilen. Es entsteht die sogenannte Keimscheibe.

Wie die Schale entsteht

Schalenhaut Noch bevor das Ei in den Eihalter – eine große Ausbuchtung im letzten Teil des Eileiters – gelangt, bekommt es die Schalenhaut. Durch diese Haut gelangt etwa nochmal so viel Eiweiß ins Ei, wie es auf dem Weg zuvor bereits angesammelt hat. Parallel dazu wird die Kalkschale aufgebaut.

Struktur der Schale Die Kalkschale besteht aus drei Schichten und ist dadurch so stabil, dass sie das Gewicht einer brütenden Henne aushält. Gleichzeitig ist sie aber auch porös, sodass ein

Grüne Eier haben ihren Ursprung bei den Araucanas. Andere Grünleger tragen die Gene der Araucanas in sich, z. B. Javanesische Zwerghühner.

Maranshühner legen dunkel- bis schokoladenbraune Eier. Diese sind bei den Verbrauchern beliebt, weshalb die Rasse sehr verbreitet ist.

Gasaustausch möglich und somit die Sauerstoffversorgung des Kükens gewährleistet ist. Nach der Umstellung auf Lungenatmung wird das Küken durch die Luftkammer mit Sauerstoff versorgt, bis es die Schale durchbrochen hat.

Aufbau der Schale Für eine optimale Kalkschale werden sogar kleine Mengen Kalk aus den Knochen abgebaut. Damit die Knochen wieder genügend Kalknachschub bekommen und im Blutkreislauf möglichst viel Kalk für die laufende Eierproduktion zur Verfügung steht, sollten Sie Ihren Hühnern in einem extra Futtergefäß stets Muschelkalk (Muschelschrot) anbieten. Für die Aufnahme von Kalk in den Stoffwechsel ist Vitamin D nötig. Wie wir Menschen produzieren auch Hühner unter dem Einfluss von Sonnenlicht Vitamin D selbst. Mit Hilfe von Vitamin K1 (→ Seite 45) wird der Kalk dann in die Knochen eingebaut.

Kutikula Bevor das Ei den Körper verlässt, wird es mit einem feinen Häutchen überzogen, der Kutikula. Sie schützt das Ei vor Keimbefall und Verdunstung.

Zum Legen bereit Damit das Ei beim Legen keinen Kontakt zur Kloake hat, wird der Eihalter in die Kloake geschoben. Das Ei verlässt den Körper also direkt durch den Eihalter.

Die Farbe der Eier

Hühner legen weiße, braune oder sogar grüne Eier. Während die grüne Farbe ein Bestandteil der Eierschale ist, wird die braune Farbe als Schicht der weißen Schale aufgelagert. Je nachdem, wie viel brauner Farbstoff dabei zugegeben wird, gibt es hell-, mittel-, dunkel- oder schokoladenbraune Eier. Punktuell starke Farbstoffabgaben führen zu braun gesprenkelten Eiern. Je älter die Hühner sind, desto blasser ist die Farbe ihrer Eier.

Als Faustregel (mit etlichen Ausnahmen) gilt: Hühner mit roten Ohrlappen legen braune Eier und Hühner mit weißen Ohrscheiben legen weiße Eier. Die Eierschalenfarbe hat übrigens keinen Einfluss auf den Geschmack der Eier. Nur die Ernährung der Hühner bewirkt Geschmacksunterschiede.

Wenn Hühner nicht legen

Erst wenn Hühner voll entwickelt sind (→ Seite 52), beginnen sie mit dem Eierlegen. Vorher bleibt das Nest leer. Das kann jedoch auch mal bei legereifen Hennen passieren. Die Ursachen dafür sind unterschiedlicher Art. Sie können beim Huhn selbst liegen, aber auch in Ihren Haltungsbedingungen. Fehler erkennen und abstellen heißt hier die Devise. Dann steht dem ersehnten Eiersegen nichts mehr im Wege.

Das Flügelstrecken gehört wie das Federglätten mit dem Schnabel, Kratzen und Sand- bzw. Sonnenbaden zum Wellness-Repertoire der Hühner.

Natürliche Auszeiten

Haben die im Frühjahr geschlüpften Küken ihre Entwicklung abgeschlossen, beginnen sie im Sommer mit dem Legen. Wenn die Tage kürzer werden, also im Herbst bzw. Anfang des Winters, machen sie eine Legepause, um dann mit abklingendem Winter oder beginnendem Frühjahr wieder mit dem Legen zu beginnen. Im Juni/Juli geht die Legeleistung zurück. Spätestens im September, wenn die ersten Hühner in die Mauser (Federwechsel) gehen, wird die Eierproduktion vollkommen eingestellt. Die Hühner brauchen dann alle Energie für das neue Federkleid.

Stressfrei legt sich's besser

Bei neu gekauften Hühnern versiegt die Eierproduktion oftmals nach ein paar Tagen. Grund dafür ist der Stress durch den Umzug und das neue Umfeld, der noch verstärkt wird, wenn sich die Tiere in eine bestehende Herde eingliedern müssen. Doch keine Sorge, sobald sich die Tiere eingewöhnt haben, legen sie auch wieder. Hühner, die kein entspanntes Umfeld haben, stehen ebenfalls unter Stress und lassen in ihrer Legeleistung nach. Das ist beispielsweise der Fall, wenn sich ein aggressiver Hund stets in Auslaufnähe befindet, oder Greifvögel schon Hühner geschlagen haben. Ein gut bepflanzter Auslauf schafft Rückzugsbereiche und hilft sozialen Stress abzubauen.

Nur gesunde Hühner legen

Grundsätzlich müssen Hühner gesund sein, damit sie legen. Sind Ihre Hühner zwar legereif, legen aber trotzdem nicht oder nur selten, können Sie vom Tierarzt anhand einer Kotuntersuchung überprüfen lassen, ob sie durch Würmer oder andere Krankheitskeime geschwächt sind (→ Seite 44). Eine Behandlung mit Medikamenten bringt die Hennen wieder auf Vordermann, sodass sie wieder Eier legen. Überprüfen Sie auch stets kritisch die Futterqualität. Pilzbelastetes Futter kann zu Erkrankungen und damit zum Legeeinbruch führen.

Hühner, die Eier »verlegen«

Wenn Ihre Hühner Freilauf oder einen großen Auslauf mit zahlreichen Sträuchern haben, kann es passieren, dass manche Hennen ihre Eier draußen legen. In dem Fall lassen Sie die Hühner vormittags im Stall und machen zudem die Legenester attraktiver, indem Sie die Nester abdunkeln und zur Animation ein Gips- oder Plastikei ins Nest geben. Nach kurzer Zeit haben die Hennen gelernt, die Eier ins Nest zu legen. Dann können Sie sie auch wieder morgens rauslassen.

Hühner, die Eier fressen

Manche Hühner haben die Unart, Eier zu fressen. Auf den Geschmack des Eierfressens können Hühner kommen, wenn ihre Kalkversorgung nicht stimmt und sie dadurch Eier ohne Kalkschale oder nur mit brüchiger Schale legen. Solche Eier können leicht platzen oder angepickt werden. Die Hühner kommen schnell auf den Geschmack und picken auch intakte Eier an. Achten Sie deshalb stets auf eine ausgewogene Fütterung mit reichlich Grünfutter. Grünfutter kurbelt den Kalziumstoffwechsel an und führt so zu Eiern mit stabiler Schale.

Legephasen verlängern

TIPPS VOM HÜHNER-EXPERTEN
Michael von Lüttwitz

Wenn Ihnen die winterliche Legepause Ihrer Hühner zu lange ist, können Sie den Legestart durch elektrische Beleuchtung im Hühnerstall vorziehen (→ Seite 52). Sie benötigen dafür nur eine Lampe und eine Zeitschaltuhr. Bereits zwei Wochen nach dem Beginn des künstlichen Frühjahrs starten die Hühner mit der Eierproduktion.

MATERIAL Als Lichtquelle sollte man eine Vollspektrumslampe und True-Light-Lampe im Stall montieren. Ihr Lichtspektrum kommt recht nahe an das natürliche Sonnenlicht und erfüllt damit zugleich noch eine gesundheitliche Funktion.

ZEITEN Das Ein- und Ausschalten der Lampe überlassen Sie bequemerweise einer Zeitschaltuhr. Das Licht sollte morgens um 5 Uhr angehen und bleibt für 12 Stunden an. Steigern Sie die Lichtdauer um 15 Minuten (oder weniger) pro Woche, bis Sie bei maximal 14 Stunden pro Tag sind. Brennt das Licht bis in die späten Abendstunden, begeben sich die Hühner trotzdem auf die Stange zur Nachtruhe, während sie am Morgen mit dem Einschalten des Lichts sofort aktiv werden – Morgenstund' hat eben Gold im Mund.

Gute Eier, schlechte Eier

Hühnerei ist nicht gleich Hühnerei. Es gibt die klassische Eiform und Abweichungen davon: rundliche Eier oder längliche und dazwischen alle möglichen Übergangsformen. Für den Verzehr ist das ohne Belang, fürs Brüten nicht. Hierfür sollten Sie ausschließlich Standard-Hühnereier verwenden.

Probleme mit der Schale

Knick- und Brucheier Sehr dünne Schalen sind akut bruchgefährdet. Schon beim Herabfallen ins Nest bekommen sie Sprünge, die mit dem bloßen Augen oft nicht zu sehen sind. Mit der Schierlampe können Sie solche Lichtsprünge jedoch gut erkennen. Bei Knickeiern ist die Kalkschale verletzt, die Eihaut aber noch intakt. Bei Brucheiern sind Schale und Eihaut verletzt. Das Eiweiß tritt aus. Knickeier sollte man innerhalb von ein oder zwei Tagen verbrauchen. Brucheier werden nicht verzehrt.

Rauhe Schalen Eier mit normaler Form haben gelegentlich eine unregelmäßige Schale mit sandartigen Kalkauflagerungen. Sie weisen auf ein Kalkstoffwechselproblem bzw. eine Krankheit hin, genauso Eier mit »Schwielen« oder Vertiefungen (Runzeln). Diese Eier verbraucht man in der Küche.

Gesprenkelte Eier Sie sehen aus als hätten sie Fettflecken. Diese »Flecken« lassen sich auf einen unterschiedlichen Feuchtigkeitsgehalt der Schale zurückführen. Natürlich kann man solche Eier essen.

Windeier Eier ohne Schale nennt man Windeier. Eiweiß und Dotter werden lediglich von zwei dünnen Eihäuten zusammengehalten. Die Ursache sind Kalziummangel oder ein Stoffwechseldefekt aufgrund einer Krankheit. Es gibt sogar Windeier mit Schale: Sie entstehen, wenn ein fertiges Ei mit Kalkschale wieder ein Stück den Eileiter zurückwandert. Es bekommt dann um die Schale nochmals eine Eihaut gelegt. Windeier werden einfach in der Küche verbraucht.

Ei im Ei Ein Kuriosum ist ein Ei im Ei. Hierbei wird im Eihalter des Huhns z. B. ein Sparei (→ rechte Seite) mit einem nahezu gleichzeitig ankommenden regulären Ei in eine Eischale integriert. Dieses Ei ist größer als ein normales Hühnerei und kann verzehrt werden. Ein Ei im Ei ist derart selten, dass Sie es wohl nie zu Gesicht bekommen werden.

1 Rillen in der Schale findet man ab und zu bei einzelnen Eiern. Sie werden durch einen Stoffwechselfehler verursacht, der sich meist von alleine behebt.

2 Sandkornartige Auflagerungen entstehen durch gelegentliche Unregelmäßigkeiten bei der Schalenbildung. Die folgenden Eier sind meist wieder o.k.

Probleme im Ei

Doppeldotter Mehrere Dotter in einem Ei haben ihre Ursache in einer sehr eiweißreichen Fütterung. zwei oder drei Dotterkugeln lösen sich gleichzeitig aus dem Eierstock und werden von Eiweiß umgeben. Eier mit Mehrfachdotter (meist sind es zwei) sind größer als normale Eier. Aus solchen Eiern schlüpfen nur äußerst selten Küken.

Blut im Ei Ein Blutstropfen im Ei entsteht, wenn im Eierleiter des Huhns ein Äderchen platzt. Der Tropfen wird dann ins Ei integriert. Diese Eier können Sie unbesorgt genießen. Wenn Sie möchten, entfernen Sie den Blutstropfen mit einem Messer.

Fleckeier So nennt man Eier mit integrierten Fremdkörpern. Gelangen Fremdkörper durch unglückliche Umstände in den Eihalter und wandern eileiteraufwärts, werden sie ins Ei eingebaut.

Spareier Diese Eier sind sehr klein und haben keinen Dotter. Durch einen fehlgeleiteten Stoffwechsel im Eileiter kommt es zu einer spontanen, geringen Eiweißabgabe. Im Eihalter bekommt dieses Eiweiß eine Kalkschale. Spareier sind nicht mit den kleinen Erstlingseiern der Junghennen zu verwechseln. In Einzelfällen können die ersten Eier einer Junghenne aber auch Spareier sein. Ihre Größe variiert, es gibt Eier, die sind nur daumennagelgroß.

Gefleckter Dotter Gelangt Eiweiß durch die Dotterhaut in den Dotter, spricht man von einem gefleckten Dotter. Diese Eier kann man verzehren.

Wolkige Eier Gelangt bei der Eiherstellung Kohlensäure ins Eiweiß, wird es trübe. Man kann wolkige Eier in der Küche verwenden.

Weißfaule Eier Sie haben einen stark beweglichen Dotter mit weißlichen oder grünlichen Flecken und wässriges, säuerlich riechendes Eiweiß? Bakterien sind die Ursache. Bei weißfaulen Eiern handelt es sich meistens um »Läufer« oder »Schwimmer«. Das sind Eier, deren Luftblase beweglich ist, weil sie missgebildet oder verletzt ist. Die Luft kann ins Eiweiß wandern. Diese Eier sind ungenießbar.

Faule Eier Hat die Eierschale Risse, kann es passieren, dass Bakterien ins Innere dringen. Das Ei fault und ist ungenießbar.

Bebrütete Eier Bei der Brut sterben Embryonen zu unterschiedlichen Zeiten ab. Solche Eier sind in der Küche nicht verwendbar.

3 Ein Windei, also ein Ei ohne Kalkschale, entsteht bei fehlerhafter Kalkversorgung der Henne. Das Ei ist nur von der Schalenhaut umgeben.

4 Blutspuren auf dem Ei sind auf ein geplatztes Äderchen im Eihalter zurückzuführen. Gerade bei Junghennen kommt das immer wieder einmal vor.

5 Deformierte Eier (asymmetrisch oder mit Dellen) findet man sehr selten im Nest. Sie werden durch einen einmaligen Stoffwechselfehler verursacht.

Die **halbfett** gesetzten Seitenzahlen verweisen auf Abbildungen, U = Umschlag, UK = Umschlagklappe.

A

Abwehrkräfte stärken 45
Algen 42
Altenglischer Kämpfer 10, **10**
Altenglischer Zwergkämpfer 9, **9**
Antwerpener Bartzwerg 10, **10**
Araucanas 9, **9**, 10, **10**, 55
Asils 9, **9**, 53, **53**
Augen 20, **20**, 23
Auslauf 30, **30**, 41, UK hinten
Ausreißer **UK hinten**
Ausstellungen 18
Auswahl 17

B/C

Balzspiel 6
Bankivahuhn 6, 7, **7**
Bantam 11, **11**
Baugenehmigung 16
Bebrütete Eier 59
Beeren 36, 37, **37**
Befruchtung 46
Beschäftigung 39, 43
Bierhefe 42
Bildungsdotter 54
Blut im/auf Ei 59
Brahma 11, **11**
Braunleger 8
Brucheier 58
Brutapparat 49
Bruteier aufbewahren 47
Brüten 46, **46**, 47
Brutnest 48
Chabos 11, **11**

D

deformierte Eier 59
Deutsches Lachshuhn 12, **12**
Deutsches Reichshuhn 12, **12**
Doppeldotter 59
Dotter 54
Dotterhaut 54
Dotter, gefleckter 59
Drohen **UK vorn**
Durchfall 44

E

Ei im Ei 58
Eiablage 7
Eier lagern 52
Eier, befruchtete 46, 48
Eierfarbe 55, **55**
Eingewöhnung 32
Einstreu 43, UK hinten
elektrische Beleuchtung 52, 57
Essensreste 42, 43

F

faule Eier 59
Federfüßiges Zwerghuhn 12, **12**
Federlinge 45, **45**
Federn glätten 40
Federpicken 43
Fleckeier 59
Fleischtyp 8
Fliegen 7
Fortpflanzung 46
Frischetest Eier 50
Füße 21, **21**
Futter 34
Futtergefäße 29, **29**
Futtermenge 37
Futterqualität 42

G

Gefieder 21, **21**, 23
Gefiederpflege 40, **40**, **UK vorn**
Geflügelpest 42
Geflügelschauen 18
Geflügelzuchtvereine 18
gesprenkelte Eier 58
Gesundheits-Check 23
Gesundheitsvorsorge 42
Glucken 46, **46**, 47
Grasmischung 31
Großrassen 8
Grünfutter 36, 37, **37**
Grünleger 8

H

Hagelschnüre 54
Hahnenkampf **33**
Hahnentritt 46
Haltegriff 45, **45**, **UK hinten**
Haustiere und Hühner 19, UK hinten
Herdengröße 5, 23
Herkunft 6
Hinken 44
Hören 20, **20**
Hühnerstall bauen 26
Hühnerstall-Einrichtung 28, **28**
Hühnerstall, transportabel 27, **27**
Hygiene 28, 31, 37

I/J

Impfung 17, 42
Indischer Kämpfer 13, **13**
Instinkte 38
Italiener 13, **13**
Junghühnerfutter 39

K

Kamm 21, **21**, 23
Kampfhühner 9, **9**, UK hinten
Kaufentscheidung 22
Keimscheibe 54
Kinder und Hühner 5, 19
Klassifikation 8
Kleintiermärkte 22
Kloake 55
Knickeier 58
Körnerfutter 36
Kot 23, 41
Krähen 17, **UK vorn**
Krallen 21, **21**, UK hinten
Krankenkost 45
Krankheiten 44

Küchenabfälle 43
Küken 47, **47**, 49
Kükenfutter 38, **38**
Kükenprobe UK hinten
Künstliche Brut 49
Kutikula 55

L
Leckerbissen 35, **35**, 43
Legeleistung 8, 52, 53
Legenester 29, **29**
Legephasen 52, 56, 57
Legereife 52
Legeserie 52
Legetyp 8
Legezeit 52
Lichtdauer 53, 57
Liebhaberrassen 8

M
Mäuse 41, 43
Magensteinchen 34, UK hinten
Medikamente 42, **42**, 44, 45, **45**
Messen 18
Mineralstoffe 42
Multivitaminpräparate 42, **42**
Muschelkalk 29, 39, 55

N
Nachbarn 16
Nachzucht, unerwünschte UK hinten
Nahrungsergänzung 42
New Hampshire 13, **13**
New-Castle-Disease 42
Nichflieger 28

O
Obst 36, 37, **37**
Ohiki 14, **14**
Ohrlappen 20, **20**
Ohrscheiben 20, **20**

P
Paarung 46, **46**
Parasiten 41, 44, 45
Pelletfutter 43
Pflegemaßnahmen 41
Picken 20, **20**, **UK vorn**
Platzbedarf 17, 25
Preise 22
Probiotika 45

R
Rassenvielfalt 6
Rassenzugehörigkeit 8
Registrierung 17
Rennen 7

S
Sandbad 7, 40, **40**
Schalenhaut 54
Schalenprobleme 58
Schalenrillen 59
Scharren 7, **UK vorn**
Schierkasten bauen 48
Schierlampe 48
Schlafbaum 7
Schlüpfen 47, **47**
Schlupfloch 27, **27**, 31, 44
Schnabel 20, **20**
Schrotfutter 36, **36**
Sehen 20, **20**, 23
Seidenhuhn 14, **14**
Sicherheitsbedürfnis 7
Sichtschutz im Auflauf 30, **30**
Sitzstangen 28, **28**
Sommerfutter 35
Sonnenbad 7, 40
Sonnerathuhn 6
Spareier 59
Stallgröße 26
Staubbad 7, 40, **40**
Stülptränken 29, 37, **37**
Sussex 14, **14**

T
Thüringer Barthuhn 15, **15**
Tränken 29, 37, **37**
Transport 32, **32**

U
Urlaub 16
Urzwerge 8

V
Vergesellschaftung 33
Verhalten 23
Vitamine 42, 54

W
Wasser 37
Wassergefäße 29
Weichfutter 36
weißfaule Eier 59
Weißleger 8
Westfälischer Totleger 15, **15**
Wildhuhn 6, 7
Windeier 58
Winterfutter 35, 43
Winterleger 52
wolkige Eier 59

Z
zahme Hühner 17, 35, **35**
Zaun 31
Zeitvertreib 39, 43
Züchter 22, 23
Zuchtstamm 23
Zusatzfutter 37
Zweinutzungshühner 8
Zwerg-Chochin 15, **15**
Zwerghühner 8, 9, **9**
Zwerg-Sachsenhühner **6**
Zwiehühner 8

Die Inhalte dieses Buches beziehen sich auf die Bestimmungen des deutschen Tier- und Artenschutzes. In anderen Ländern können die Angaben abweichend sein. Erkundigen Sie sich daher im Zweifelsfall bei Ihrem Fachhändler oder bei der entsprechenden Behörde.

Verbände

› Bund Deutscher Rassegeflügelzüchter (BDRG), Bundesgeschäftsstelle, Erlenbruchstr. 20, 63071 Offenbach/Main, www.bdrgev.de
› Verband der Hühner-, Groß- und Wassergeflügelzüchtervereine zur Erhaltung der Arten- und Rassenvielfalt (VHGW), 1. Vorsitzender: Michael Freiherr von Lüttwitz, Max-Friesenegger-Str. 22, 86899 Landsberg/Lech, www.vhgw.de
› Verband der Zwerghuhnzüchter-Vereine (VZV), 1. Vorsitzender: Karl Stratmann, Groppeler Str. 35, 33442 Herzebrock-Clarholz, www.vzv.de

Wichtige **Hinweise**

› **Nach Kontakt mit den Tieren und Arbeiten am Hühnerstall Hände gründlich waschen.**
› **Lassen Sie den Kot Ihrer Tiere regelmäßig prüfen, um Erkrankungen früh zu erkennen.**
› **Der Umgang mit elektrischen Geräten stellt immer ein Risiko dar. Alle Elektrogeräte müssen ein TÜV-Prüfzeichen besitzen. Defekte Geräte sollten umgehend ausgetauscht werden.**

Futter und Kleintierzubehör im Internet

› www.basu-kraft.de
› www.deutsche-tiernahrung.de
› www.garvo.de
› www.hemel.de
› www.kleintierzuchtbedarf-rhein.de
› www.roehnfried-onlineshop.de
› www.taubenbacks.de

Fertigställe im Internet

› www.huehnerhaus-mobil.de
› www.omlet.de

Bücher, die weiterhelfen

› Aschwanden C.: Schöne Hühner. Landwirtschaftsverlag, Münster
› Bauer, W.: Hühnerställe bauen. Ulmer Verlag, Stuttgart
› Brown, A. A. F.: Kunstbrut. Verlag M. & H. Schaper, Hannover
› Graham, C: Hühner. Kosmos Verlag, Stuttgart
› Grashorn, M. et. al.: Geflügel. Ulmer Verlag, Stuttgart
› Rassegeflügel-Standard für Europa. Howa-Druck, Nürnberg
› Schille, H.-J.: Lexikon der Hühner. Komet-Verlag, Köln
› Schmidt, H., Proll, R.: Hühner und Zwerghühner. Ulmer Verlag, Stuttgart
› Scrivener, D.: Popular Poultry Breeds. The Crowood Press, Ramsbury
› Scrivener, D.: Rare Poultry Breeds. The Crowood Press, Ramsbury
› Verhoef, E., Rijs, A., Meyer, M.: Illustrierte Hühnerenzyklopädie. Dörfler-Verlag, Eggolsheim
› Woernle, H., Jodas, S.: Geflügelkrankheiten. Ulmer Verlag, Stuttgart

Zeitschriften

› Geflügel-Börse
www.gefluegel-boerse.de
(mit Fachbuchhandel für Geflügelliteratur)
› Geflügel-Zeitung
www.gefluegelzeitung.de
› Freude mit der Kleintierzucht
www.kleintierzucht-roek.at
› Tierwelt
www.tierwelt.ch

Bildnachweis

Alle Fotos in diesem Buch stammen von Oliver Giel, mit Ausnahme von: Biosphoto: U8-3, 47; Johann Brandstetter: 54; Regina Kuhn: Cover, U4-1, U7-2, 10-2, 11-3, 12-1, 12-3, 40; Michael von Lüttwitz: 7, 13-1, 13-3, 14-1, 14-3, 15, 19, 26, 30, 58-59.

Die werden Sie auch lieben.

ISBN 978-3-8338-1877-6

ISBN 978-3-8338-3634-3

ISBN 978-3-8338-0522-6

ISBN 978-3-8338-3635-0

e Auch als eBook erhältlich.

ISBN 978-3-8338-0866-1

ISBN 978-3-8338-2680-1

Mehr von GU auf **www.gu.de** und
facebook.com/gu.verlag

G|U
Willkommen im Leben.

Der Autor

Michael von Lüttwitz begann bereits im Alter von 14 Jahren mit der Rassegeflügelzucht. Nach einem Studium der Biologie wurde er Redakteur bei der Fachzeitschrift Geflügel-Börse, wo er bis heute arbeitet. Weit über 1000 Fachartikel zum Thema Geflügel stammen aus seiner Feder. Michael von Lüttwitz führt den Sonderverein zur Erhaltung des Araucana-Huhns. Er ist Preisrichter für Rassegeflügel und Vorsitzender des VHGW (Verband der Hühner-, Groß- und Wassergeflügelzüchtervereine zur Erhaltung der Arten- und Rassenvielfalt).

Der Fotograf

Oliver Giel hat sich zusammen mit Eva Scherer auf die Bildproduktion zu Tier- und Naturthemen spezialisiert. Ihre Arbeiten kommen in Büchern, aber auch in Zeitschriften, Kalendern und der Werbung zum Einsatz. Ein umfangreiches Bildarchiv und weitere Infos finden Sie unter: www.tierfotograf.com.

Syndication:
www.jalag-syndication.de

Projektleitung: Anne-Kathrin Wahler
Lektorat: Gertrud Köhn
Bildredaktion: Petra Ender
Umschlaggestaltung und Layout: Independent Medien-Design, Horst Moser, München
Herstellung: Anna Bäumner
Satz: Uhl + Massopust, Aalen
Reproduktion: Longo AG, Bozen
Druck: Firmengruppe APPL, aprinta druck, Wemding
Bindung: Firmengruppe APPL, sellier druck, Freising

Printed in Germany

ISBN 978-3-8338-2679-5

3. Auflage 2014

Umwelthinweis

Dieses Buch ist auf PEFC-zertifiziertem Papier aus nachhaltiger Waldwirtschaft gedruckt.

www.facebook.com/gu.verlag

GRÄFE UND UNZER

Ein Unternehmen der
GANSKE VERLAGSGRUPPE

QUALITÄTS G|U GARANTIE

DIE GU-QUALITÄTS-GARANTIE

Liebe Leserin, lieber Leser,
wir möchten Ihnen mit den Informationen und Anregungen in diesem Buch das Leben erleichtern und Sie inspirieren, Neues auszuprobieren. Alle Informationen werden von unseren Autoren gewissenhaft erstellt und von unseren Redakteuren sorgfältig ausgewählt und mehrfach geprüft. Deshalb bieten wir Ihnen eine 100 %ige Qualitätsgarantie. Sollten wir mit diesem Buch Ihre Erwartungen nicht erfüllen, lassen Sie es uns bitte wissen. Sie erhalten von uns kostenlos einen Ratgeber zum gleichen oder ähnlichen Thema.
Wir freuen uns auf Ihre Rückmeldung, auf Lob, Kritik und Anregungen, damit wir für Sie immer besser werden können.

GRÄFE UND UNZER Verlag
Leserservice
Postfach 86 03 13
81630 München
E-Mail:
leserservice@graefe-und-unzer.de

Telefon: 00800 / 72 37 33 33*
Telefax: 00800 / 50 12 05 44*
Mo–Do: 8.00–18.00 Uhr
Fr: 8.00–16.00 Uhr
(gebührenfrei in D, A, CH)*

Ihr GRÄFE UND UNZER Verlag
Der erste Ratgeberverlag – seit 1722.